雁翔 著

拼尽全力，只为成就更好的自己

PINJIN QUANLI ZHIWEI
CHENGJIU GENGHAODE ZIJI

SPM
南方出版传媒
广东人民出版社
·广州·

图书在版编目（CIP）数据

拼尽全力，只为成就更好的自己 / 雁翔著. — 广州：广东人民出版社，2018.4（2019.9重印）

ISBN 978-7-218-12506-0

Ⅰ. ①拼… Ⅱ. ①雁… Ⅲ. ①散文集－中国－当代Ⅳ. ①I267

中国版本图书馆CIP数据核字（2018）第015132号

PINJIN QUANLI，ZHIWEI CHENGJIU GENGHAODE ZIJI

拼尽全力，只为成就更好的自己

雁　翔　著

出 版 人：肖风华

责任编辑：向路安
装帧设计：李俏丹
责任技编：周　杰　周星奎

出版发行：广东人民出版社
地　　址：广州市珠海区新港西路204号2号楼（邮政编码：510300）
电　　话：（020）85716809（总编室）
传　　真：（020）83780199
网　　址：http://www.gdpph.com
印　　刷：天津兴湘印务有限公司
开　　本：889毫米×1194毫米 1/32
印　　张：8.5
字　　数：180千
版　　次：2018年4月第1版　2019年9月第2次印刷
定　　价：36.00元

如发现印装质量问题，影响阅读，请与出版社社（020-85716849）联系调换。

目录

CONTENTS

Part 1

拼尽全力，才会出现奇迹

目录

Part 2

命运给你的耳光，一定要扇回去

目录——CONTENTS

Part 3

跟优秀之间，只差时间的距离

目录

Part 4

与其愤世嫉俗，不如改变自己

目录——CONTENTS

Part 5

你要应对的事，永远只有一件

目录

CONTENTS

Part 6

人生是旅行，而不是逃窜

Part 1

拼尽全力，才会出现奇迹

如果你有梦想，请一定坚持，也许真正的收获并不是结果，而是过程本身。年轻的生命不能没有一个坚持的理由。它是一盒火柴，足以点亮你的生活。

拼尽全力，才会出现奇迹

毕业三年之后，我领了结婚证，换了三个城市生活。今年，26岁了。

上个月，我刚辞了职。一个朋友得知这个消息，很惊讶：你这么快就当上家庭主妇了？

我可没那种命啊！虽然先生可以给我创造这种条件，但我不是太后。

我想说说我自己。

每次去事务所面试，都会被问同样一个问题：你是学英语专业的，为什么考CPA（注册会计师）？

我会微笑着回答：因为我在一个什么都不懂的年纪，选择了一个不适合自己的专业。

其实我是高考落榜，被调剂到英语专业的。

上学的时候，某一天，我突然发现，不是英语专业的，英语照样可以说得很好。但四年之后，除了会说英语，我还能干什么？

那一瞬间，我就慌了。英语只是一个工具，不是一门技术。当然，这只是我的个人想法。

我经常说的一句话，是跟K516的一位列车员大哥学的——人在江湖，必须有一技傍身。

我的傍身之技在哪里？

我吃不起青春饭，我必须面对女人老得快、死得慢的现实，一定要给自己找一份越老越值钱的工作。于是，几经辗转，在一个偶然的机会，我听说了CPA——注册会计师。

那究竟是什么样的证书，是一份如何的职业，我从未真正了解过。所以说，很多时候，无知者，无畏。

我决定考，首先反对的是家里人。他们觉得我是不务正业。我本应该学好英语，考个研，当个教师什么的。我承认，这对任何一个女孩子来说都是不错的选择。

但是，有时候我可能不是个女孩子，而是个女疯子。当你怕生活折磨你的时候，你可以先折磨自己，这样你便感觉不到生活的折磨了。

谁知道，这一考，就是四年。我最好的时光都送给了它。

那么厚的书，那么陌生的文字，没有任何根基，我觉得自己像一只蚂蚁，在啃一棵参天之木。

不懂是一种寂寞。有时候，这种寂寞让你发疯。

我曾无数次在各种考试论坛搜经验分享帖：有人说，难，难得不得了；有人说，简单，看一遍就过。

看多了，自己都觉得好笑。于是，我再也没浏览过那些网站。

这些年，我都只用一个简单的故事激励自己——小马过河。我不是水牛大神，也不是松鼠小弟。我以前总希望如有神助，肋生双翼，认为一个跟头十万八千里是件很爽的事，现在觉得什么都不如脚踏实地。

我一页一页地翻书，一道一道地做题。我知道，我不怕。

前几天，我先生在工作中遇到了一些问题。在彼此探讨的时候，我对他说了这样一番话：你现在挣得多，不如你遇到的问题多。因为我们还年轻，连失败的资本都没有，更谈不上输了什么。有些人，我们觉得他很厉害，什么问题都能解决，那是他天生的吗？当然不是，那是因为他之前经历了很多问题。一个行业，一个领域，也就那么多问题，到最后都是类似的，你说，他解决起来是不是游刃有余？

先生对我的这番话表示赞同。

过后我想，我说的这些是因何而来的呢？可能就是因为我做题吧，做得多了，题目就类似了。

2009年，大三暑假，我骑着小车顶着烈日去吉林师范大学图书馆看书——那年，过了会计一门。

2010年，大四毕业，找了工作，每天背着700多页100多万字的大书上下公交挤地铁，当我这一天忙得根本看不了，我就告诉自己，你一天考不下来，就背着这么沉的书走去吧——那年，过了经济法一门。

2011年，我仅凭这两门和对审计工作的一无所知，找到了会计师事务所的工作。我不知道资产负债表，不知道审计报告的顺序，也不知道什么是抽测凭证。第一次出差，我对着一沓EXCEL表格不知道从何下手，加班到晚上11点，回到宾馆坐在床上先是大哭了半个小时，然后擦干眼泪，边上网百度，边填表格，一直到清晨——那年，过了审计一门。

2012年，过了春节，在先生的支持下，我毅然辞去工作，在家里看书备考。我们在杭州，举目无亲。每天，他上班走了，我就一个人背着书包去浙大看书，谁都不认识，一整天也没人说话。熟悉我的人都知道我是个群居生物，可那大半年，我体味到了什么是寂寞。为了提高效率，我每天只能坚持去学校——那年，过了税法、财务成本管理、公司战略与风险管理三门。

查成绩那天晚上，先生很开心。而我看到成绩的那一瞬间，却哭了，不是喜极而泣，是我跟自己说：你的苦日子终于到头了。那段寂寞的日子，不堪回首。

20多年了，我终于认真了一把。CPA对我来说，早已失去了最初的意义，我不再只是指着它赚钱。它让我知道，坚持，是一种可贵；踏实，是一种品质；严谨，是一种美德。

先生看到我的坚持，觉得我是一个好女人；家人看到我的踏实，觉得我是个好孩子；上级看到我的严谨，觉得我是个好助理。

这些都是我未曾预料到的，也都是我曾经最缺少的。这四年，我在补习我的人生。

我曾无数次地被问，为什么要考注册会计师？我的答案基本上很固定。

首先，因为我已经过了选择的年纪，而是到了该为选择努力的年纪。记得我跟先生刚认识的时候，他问我，你的选择不会错吗？我说，这个世界上，除了法律和道德，就没有对错。只要是我选择的，对的就是对的，错的我也要把它变成对的，坏的要变成好的，好的要变得更好。

其次，我鼓励我先生趁着年轻要走南闯北，因为我坚信读万卷书不如行万里路。这就是为什么我们毕业三年换了三个城市的原因。我们不是来旅行的，是生活，有血有肉地生活。我跟他承诺过：无论你去哪里，我都不会成为你的负担，物质上的，精神上的，都不会。如果我顺利拿到证书，目前来看，随便到哪个城市，去事务所做审计还是可以的，收入虽谈不上不菲，但是足以减轻他的负担。我爱你，就要以独立的姿态和你并肩站在一起。

最后，也是最重要的。我觉得自从和先生的关系稳定下来，步入已婚行列，就即将要面对上有老下有小的生活。我这辈子最大的心愿就是通过努力，让爸妈过上他们想过却没有的生活。我必须有足够的经济实力来预防他们因为年迈而可能发生的疾病，督促他们趁着腿脚轻便去旅行，趁牙好胃口好尝遍各地美食，要他们相信有我在，他们就可以衣食无忧地安度晚年。

所以，我必须去努力。

也许有人会说，不就是个证书吗？有什么了不起？是的，它只是一张纸而已，但它给我的生活带来的变化却是令人欣喜的。

这是一种有力量的生活——力，是幸福力；量，是正能量。

如果你有梦想，请一定坚持，也许真正的收获并不是结果，而是过程本身。

如果你没有梦想，请选择，年轻的生命可以没有比基尼，但是不能没有一个坚持的理由。它是一盒火柴，足以点亮你生活的每一盏灯。

有梦想的人生会经历寂寞，没有梦想的人生过后是空虚。

梦想无关大小，能够支撑信念，足矣。

天赋，只不过是更多的努力

高小玲上高中的时候成绩并不算太好，虽说考个二本院校绰绰有余，但是要想上重点大学，还是相差甚远的。

高三那年，很多和高小玲成绩不相上下的同学为了考上更好的学校，纷纷想出了以专业考试来提高自己上名校的概率这个办法。

我记得我上高中那时候，编导专业是十分好考的，培训加上去各个高校考试所花费的费用加起来不超三千，而且通过率奇高。当时我们班上有四个学生去参加编导考试，几乎每个同学考下来，平均被三所以上的“211”大学录取。如此一来，只要高考成绩不太差，就都能轻而易举地上一所在当地还不错的学校。

我原本以为，高小玲会和其他同学一样，选择困难程度低，而且通过率很高的编导专业。但是我没想到，高小玲一句“我根本不知道编导是干什么的，我也不喜欢这个专业，我的梦想是当一个音乐老师，所以我想考音乐专业”。其实，在当时，音乐特长生就已经是一个庞大的群体，很多家境还不错的学生都会通过音乐或者舞蹈这样的专业去选择一个好大学。所以，对于没有参加过任何音乐培训的高小玲来说，当做出这个决定的时候，就仿佛被大家看到了失败的结局。

从日常的相处中，我们都不难看出，高小玲确实是一个爱唱歌的姑娘，因为每当下课的时候，就会听到她哼着小曲儿，拿着和音乐相关的书籍像模像样地在看。但是谁都知道，考试不能单靠兴趣和喜好，它必须经过正规的培训，才能在济济人潮中有脱颖而出的可能。毕竟会唱歌的人太多了，而且并不是每个会唱歌的人都能走上音乐这个专业。

高小玲家境并不殷实，但是在做了这个决定之后，她父母还是决定放手一搏。给了她一个学期的时间，和其他的音乐特长生一起上课，一起复习。

记得有次语文课，老师可能是看到课堂气氛太闷，随口说了句："高小玲，来来，唱首歌给大伙儿解解闷儿！"

当高小玲站起来，张嘴的那一瞬间，我突然感觉自己好像听觉出了问题。她的声音，她的表情，以及她眼中闪动的光，让我在那一瞬间竟然有种莫名的感动。时隔这么多年，我已经不记得当年她唱了一首什么歌，但是旋律现在想起来还依旧萦绕在耳。我记得，当时班上有几个女生听着听着竟然不自觉地流下了眼泪。说真的，看了那么多的选秀，看了那么多当红歌手在舞台上出色的演绎，很少有像那次一样让人觉得震撼，觉得发自内心的感动。

我那时候在想，这真的是从来没有经过任何训练的女生唱出来的声音吗？真的是一个纯情懵懂的姑娘用尽自己的力气来演绎自己的情感吗？真的没有任何修饰和技巧吗？难道这个世界上真的存在一出生就高人一等的天赋，而这样的天赋是旁人再怎么努力都无法企及的？

事后，高小玲在班级上的那一唱在整个学校里一炮走红。之后每当学校的校庆或者有其他庆典活动的时候，在台上总能看到她清丽的身影以及听到她悦耳的声音。

我曾私下问她，小玲，你真的从来都没有参加过任何训练么？

高小玲狡黠地笑了笑，点点头。

我说，那你在唱歌这方面的天赋真的令人羡慕。

高小玲说，天赋是有一点，但是你可能不知道，我大概从三岁的时候就开始自己学唱歌了。那时候家里条件不好，我只能跟着电视里唱，特别是看连续剧的时候，每当音乐响起的时候，我就莫名地兴奋。

虽然一直以来自己都想去参加这方面的培训，但是父母听人说起，艺术生是十分耗费钱财的事情，所以就一直都不同意。小学的时候，我总是借着表哥的录音机放歌，然后他所有磁带里的歌几乎每一首都能唱。

初中的时候，我跟父母说要买复读机学英语，其实那时候我买了复读机几乎都是用来听歌的，基本上没正儿八经地听过英语，现在我MP3里面的歌还不下三百首。你可能想象不到，到现在为止，我至少会唱五千首歌，什么类型的都会一点。

你们所有人都以为我天赋好，但是你们不知道我几乎所有的空闲时间都泡在了唱歌上。唱得多了，听得多了，即使没人教，自己也能慢慢地摸出一些道道来。所以我虽然没有经过正规培训，但是我可以毫不畏惧地说，我不比其他任何艺术生的功底要差！

高三第二学期的时候，高小玲从外地考试回来。毫无意外的，几乎每一所参考的学校她都远远地过了线。高考之后，如愿以偿地进入了首都师范大学的音乐专业。

我们总觉得那些能够轻而易举做到某些事情的人在某一方面一定具备其他人所不及的天赋，就如同读书，如同考试，如同写作，如同表演。当然，有一些人，在某些方面确实具备一些过人之处。但是仅仅拥有天赋，对一件事情的成功与否来说，还是远远不够的。我们所不知道的是，这些天赋，都是凭借着自己的不懈努力，凭借着自己的孜孜不倦，才进一步把事情做到完善，在最后才能达到自己所预想的结果。

如果当年的高小玲没有一直凭借着自己的爱好，凭借着我们所说的天赋一直坚持下去，没有几千首歌的锻炼，任凭她天赋再高，在高手如云的艺术生中还是会被毫不留情地刷下去。

前段时间，拿到了新书封面初稿的时候。一些身边的朋友开始在我面前说，真羡慕你有写得一手好文章的天赋，这是我们这些糙人永远都做不到的。

能不能写一手好文章姑且不说，是不是好文章也撇开不谈。但是对于我而言，只要给我一台电脑，给我一个狭小的空间，给我一个安静的环境，不管何时，我都能随手写出一篇文章来。

但是，从始至终，我都不认为这是我的天赋。我一直都觉得，在写文章方面我是缺乏天赋的，我可能构思一个故事需要花费几天的时间，我组好一个情节需要几个小时，我哪怕想一个令自己满意的结尾都需要寻思良久。

但是基本上每天，我只要安静地坐下来，沉下心，打开电脑，就能写出不下三千字来。当然，可能质量并不如我期望值那么高。

很多人甚至我的亲朋好友都觉得，这就是我一个比他们要好上很多的天赋。但是他们可能不会知道，这些年对于读书，对于写作，我是经过了怎样漫长的坚持和等待。

虽然我们读小学的时候各方面都十分闭塞。但是我还是会想尽一切办法找书看，翻完了家中父母的武侠小说，跑到学校跟老师借经典名著还有各类童话书籍。然后每看完一本书的时候都会试着写下自己的感想和读这本书的收获。每当看到漂亮的句子，都会像是捡到宝一样欣喜若狂地摘抄下来。

初中的时候，会跟城里的同学借他们家的书看，借完这家找那家。然后再花上几块钱去旧书摊买那些已经发黄的旧书籍。甚至在那时候已经开始写属于自己的小说了。

到了高中的时候，就开始养成了雷打不动每天都要看书写文章的习惯，虽然都是自己的一些小情绪小感想，或者是一些天马行空的矫情小故事，但是却一直未间断过。

直到大学的时候，就开始了自己真正意义上的写作。开始写长篇爱情小说，写长篇武侠故事，写散文，反正只要想到什么都能开始用笔一笔一画地写下来。

所以可能从我真正写文章开始，到现在已经写下了不下两百万字的东西。虽然到现在可能能找到的也就几十到一百来万字的样子。但是这些经历，都只是在写字这条路上的不断沉淀。

曾经也有很多读者问过我，到底要怎样，才能真正写出好文章来。虽然我可能并不是一个好的作者，也可能并没有写出好的文章，但一直以来都是用自己的全部心力在进行写作。所以我就跟他们说，于我而言，写作从来都没有巧，只有四个字，多读多练。

到如今，我终于马上就能拿到属于我人生中的第一本书，终于可以笑着告诉自己，这么多年的坚持，终于有了一个对我而言还不错的回报。不管这本书将来销量如何，不管会得到大家怎样的评价。但是终究算是企及到了自己生命中的第一个小梦想。

而这就是那些熟人和陌生人对我评价的一个解读，我并不是一个在写作方面具有天赋的人。恰恰相反的是，我一直以来都很笨拙。我写不出感人的故事，我写不出流传甚广的文章，我也写不出具有思想深度的文字来。我唯一在做的，就是孜孜不倦地把自己生活中所发生的事情，我身边的一些小故事，还有我自身的一些小感悟小启发用文字的形式来讲述给你们听。

这一路走来，其实也是磕磕碰碰居多，算起来也有十多年的光景。多年的坚持，才成就了很多人对我的一句称赞：你在写作方面，还算蛮有“天赋”的。

最后，我想说的是，其实我们生而在世，每个人都有各个方面不同的特性，所以每个人在某一方面都有我们所谓的“天赋”。只是有些人走得更长远，有的人走得更辉煌，并不是因为他们确实天赋异禀，只是因为他们在所谓的“天赋”方面，花费了更多的时间和精力。而这些，倘若有一天你也做到了，你就开始成了别人眼中极具“天赋”的那个人。

现在不努力，将来怎么办

1

早上接到一个朋友电话，关于借钱的。

搁在以往，我肯定会支持这位朋友“钱非特殊情况不外借”，但这次我纠结万分。

朋友的同学，妈妈得了尿毒症，自己在老家做了挺长时间的透析，从未告诉过孩子实情。现在，有合适的肾源，需要二三十万的费用，再也瞒不住了，爸爸才问问已经工作七八年的女儿，手里有没有点积蓄。

不到万不得已，父母张不开口跟儿女要钱。

这个女儿，虽已成家生子，并在双方家长的赞助下在北京买了房，但光养娃、请保姆、房贷、车贷就被压得喘不过气来。别说20万，10万都拿不出来，能用来给妈妈治病的，只有手里仅有的五六万，还是给孩子准备的9月份入园的费用。

朋友的这位同学，我见过，两口子都安安稳稳，女方毕业后一直在一家国企，月收入七八千；男方在私企工作，工资一万出头。如果没有突如其来的变故，小日子倒也四平八稳。但这一成不变的安稳，也意味着承受不起一点意外打击。

好不容易等到的肾源不能浪费，只能厚着脸皮借钱。

朋友说："情感上，我特别想借她十万八万，但理智上我担心她十年八年也还不了这个钱。"

在北京，两口子月收入不足两万，还负担着各种贷款和支出，基本存不下钱。而且换肾并不是一锤子买卖，后期控制排异反应的费用，每个月也要大几千。说不好听的，这是个无底洞。

最终，我朋友给同学打了五万块钱，她对我说："我也不富裕，好在这些年一直折腾着学习、跳槽，工资越来越高，家人万一有病有灾，经济上足够抵挡一阵子。这五万块，我也是不打算要回来了。"

看吧，我们张口跟人家借钱，对方是要考量我们的偿还能力的：如果确信我们还得起，得到的帮助数额更大；如果确信我们还不起，得到的只能是自己的人情标价了。

老话说"救急不救穷"。又急又穷，是很可能借不到钱的。

2

一位朋友，曾经的文艺男青年，最喜欢的是"诗和远方"。他25岁之前赚的钱，全部用来旅游了。

2006年的某一天，这个文艺男青年突然从柬埔寨飞了回来，并消失良久。回来后，变了个样：不再四处旅游，每个月都回老家探望父母，找了符合自己特长又相对稳定的工作，经常加班，秒变拼命三郎。

两年后，他用存下的20几万，趁着房价最低点，在五环外按揭了一个小两居，并且把父母从老家接了过来。

直到那时，我们才知道，两年前他正在柬埔寨旅游，突然接到消息，哥哥车祸去世。他飞奔回家时，看着白色挽联下一夜白头的父母，瞬间长大：父母已经失去长子，自己成为他们唯一的依靠，再也不能像以前那样天马行空、混蛋一般谁也不顾地四处游荡了。

他当时一滴眼泪都没掉，脑子里只有一个念头——再也没有哥哥替自己尽孝了，自己若再没正形，毁的就不是一个人而是一家三口的生活。

当一个年轻人意识到肩头的责任，便迅速变得成熟起来。

3

曾有一份调查，问老人最害怕什么，排在第一位的是生病，其次是经济问题。他们担心生病后自己无法自理，担心退休金不够自己开销，更怕自己成为儿女的累赘。

就是这样的父母，为了我们读书他们省吃俭用，为了我们结婚他们倾囊相助，为了我们买房他们拿出所有存款甚至举债累累，到老了，却担心给儿女添负担。

做编辑时，一个作者曾和我说过她的无奈。她刚刚工作时，父亲生病，肝癌，治疗用光了家里所有钱，能借的亲戚都借了，直到再也借不到一分钱。到最后，连止疼药的费用都付不起了，每次听到爸爸强忍着不叫出声来，她都似万箭穿心。父亲过世后，她白天拼命工作，晚上拼命写稿，平时老给妈妈买漂亮衣服、寄她从没见过的进口食品。她说："我现在的辛苦根本不算苦，等到至亲需要，自己却无能为力时，那才真的苦！"

曾和一位远房亲戚聊天，他妈妈当时刚刚出院。他说最自豪的就是住院时，自己有能力给妈妈请最好的专家做手术，让妈妈住最好的单人病房，给妈妈用最好的、副作用最少的药，请服务态度最好的护工。

小时候，爸爸妈妈想尽一切办法给我们最好的吃穿用度，长大后，我们若不努力，如何让父母老有所依？

不可否认，有些人投胎技术好，出生在衣食无忧、什么灾难都不怕的家庭，他们努力与否，并不影响自己以及家人的生活。

但大部人，都是芸芸众生中的普通一员，小时候的梦想是考个好大学以求有个好工作，工作后的梦想是年年涨薪水，涨了薪水后又想着跳槽可以薪水翻倍能更快凑够首付买房，当买房买车生娃的人生大事落定，自己和配偶的双亲又开始需要照料，孩子各种补习班的费用需要精打细算……

在人生的任何阶段，偶尔的小放纵，给自己几天假期都无可厚非，但放眼人生长跑，哪个时期都需要咬紧牙关步步紧跟，不然环环相扣的踏实人生，将变成一连串问号：

初中怎么办？高中怎么办？大学怎么办？工作怎么办？房子怎么办？另一半怎么办？孩子怎么办？父母怎么办……

被追问的人生太过被动，没人喜欢。既然鸡飞狗跳的阶段迟早会来，我们何不早早努力，做好准备？

想要自尊，那就努力吧

1

看到高考成绩的那一刻，埋在心里三年的酸楚瞬间化成了眼泪一涌而出。

高考是我高三以来考得最好的一次，但全省的高考情况反而是近几年最不好的一次。很多人都发挥失常，我却从模拟考全市2000多名冲到了高考的全省前500名。

同学们都很诧异，说我“运气好”。只有我自己知道，拼到这个成绩，我已经用尽了所有的力气去忍耐我所遭受的冷暴力，最终才没有被高考的压力彻底打垮。

高中的时候，我是一个理科永远拖后腿的理科实验班学生。理科实验班聚集了全校成绩最拔尖的学生，是学校领导和老师们的掌中宝、心头肉，所以我们班的考试成绩都背负了沉重的使命感，每个人的成绩都会被无限放大，成为全校的谈资。

考得好——“不愧是实验班的！”

考得差——“竟然是实验班的？”

我就属于那种在实验班死命挣扎，再怎么努力也是考得差的那一梯队，自然成了老师的眼中钉、肉中刺。

高中最好的哥们儿在班上一直排前几名。高考后我们时常聚在一起回忆高中，每当他用一堆诸如“和蔼可亲”“耐心”“热情”等等的词汇来形容我们高中老师的时候，我只能皮笑肉不笑地回应“是吗”“哈哈”“好吧”……

因为在我的高中生涯里，我看到的老师一直是不会笑的，至少笑的时候不是对着我。

当我们全班都在备战生物竞赛的时候，我还在为每次的生物遗传题拿不到一半的分而苦苦纠结。当我们全班的物理平均分每次都能稳稳上90分的时候，我只能考50分。当我前后左右桌的数学都上了140分的时候，我才为自己终于考了一次130分暗自庆幸。

是我不努力在放弃自己吗？平心而论，除了成绩上不去，我符合一切传统意义上“好学生”的标准。我学习认真刻苦，尊重师长，团结同学，在团队合作中总能成为一个优秀的领导者。但是仅仅只是“成绩上不去”，就足以成为老师们不待见我的理由了。

每次我尝试向老师请教问题，他们的冷漠脸都会直直冷到我心里，语气中感受不到一点耐心，脸上却是写满了“实验班的学生竟然连这个都不懂？”的表情。作为班上家庭经济条件最不好的学生之一，分配助学金的时候，我都会被直接跳过。因为口才不错，我还被班上的同学一致推荐去电台做节目，可是班主任二话不说当着我的面就把机会给了另一位同学。班上排名top10的同学生病，班主任亲自到医院嘘寒问暖；我感冒到趴在桌上起不来的时候，向班主任请假，他让我自己坐公交到医院打点滴……

庆幸的是，我是遇挫则强的人。觉得受了委屈，就在别人吃饭时一个人躲到操场大哭一场，哭完接着滚回去学习。生物和物理特别差，不会做的题目就拼命研究答案，直到弄懂。每一次考试都尽量不去计较排名，少为别人的眼光计较得失，把时间都花在总结上。

虽然进步缓慢，但心态和成绩都在逐渐改善。高考结束，心中已然满是可以超越自己的底气。

2

如果你以为我是在讲述一个“差生逆袭啪啪打老师脸”的励志故事，那你就错了。

我当然也抱怨、指责过有些老师的偏心，但多年以后，再回想起高中经历的一切，我已不会再去埋怨有些老师对我造成的伤害。

当时的我在他们眼中就是一个成绩不好家里又穷的loser，一个怂包，我没有权利也没有能力去要求他们像对待优秀学生一样笑容满面地对待我，他们也有权利选择自由表达自己的情绪。我不想用老师这个身份去对他们进行道德绑架，我只能尽力让自己成为一个能配得上别人尊重和友善的学生。

他们只是一个有着“老师”这个神圣职业的普通人而已，要求一个普通人对所有学生都大爱无疆才是桃花源式的理想主义。大多数普通人，都会喜欢成绩好的学生，因为他们符合这个社会所设定的“优秀人才”的标准。

同样，大多数普通人，都或多或少会嫌贫爱富、趋炎附势，只会对优秀的人给予笑脸和尊重，这就是无法改变的人性，也是关系型社会中残酷的生存法则。

优秀的员工才能和老板称兄道弟，差劲的员工只能为老板跑腿打杂。你埋怨老板对你尖酸刻薄的时候，就应该想想自己是不是在为公司创造价值的那一批人，值不值得老板的嘉奖鼓励。

人活一世，最难逃过成为别人口中茶余饭后的谈资。你要足够优秀到别人在背后对你闲言碎语的时候，都是在怀疑你的成功是不是走了捷径。而不是在拿你的人生作为前车之鉴吓唬小孩要好好读书，以免成为下一个你。

你得不到别人的笑脸，不要怪他们无情，只怪你还不够行。

要让你的能力配得上你的虚荣，让你的优秀配得上你的自尊。如果你和我一样笨，那请和我一样努力吧。

你不一定会成功，但一定要努力。你不一定会成为人人敬仰的人上人，但努力学习、奋力拼搏的过程会让你的人生愈加深刻。即使有一天，你还生活在俗人的圈子，你也终将不再被俗气沾染。

这就是职业的尊严

十年来用同一个保姆。前几天她第一次跟我请假一周。回家之后我发现她给厨房的垃圾桶认真地套上了七层垃圾袋。

我认为，这就是职业尊严。

去年到青海湖旅行，包车认识一个司机。只有小学文化程度，但是每天笔挺的西装衬衫，永远提前十分钟到门口等，车子每天擦，座套每天换，车上免费准备垃圾桶、矿泉水、湿纸巾和睡觉盖的薄毯。自带单反相机一台，默默拍下客人观景时的背影或远景，分别时送给客人。

我认为，这就是职业尊严。

做家具认识一个木匠。生意很大，手工极慢，对于我所想出来的所有省事儿提速的主意都嗤之以鼻。虽然我订的两件东西并不贵重，就相当于“不带钻石的素圈儿戒指”，但是量尺寸时他亲自来，为的是要“看看你家的壁纸究竟啥颜色，用这个木料行不行”，送货时他也亲自带着徒弟来，生怕安放得不合适，连我放的位置不合他意都焦虑得要命，抚摸着光滑的木头满眼爱意。

我认为，这就是职业尊严。

在网球俱乐部学球时认识一个网球教练。收费比其他教练稍贵，但是从来不占用学员的时间接打电话、喝水抽烟上厕所，也从不向学员推销会员卡、球拍器材，但客人如果有问题咨询，他又总能给出最专业详尽的解答。他的理由是：第一，我是教练，不是会籍顾问，也不是销售店员。第二，学员花钱报名来学习网球，充分利用场上时间来实现技术水平的提高是教练员的职业道德。

我认为，这就是职业尊严。

这些人身上有一种引而不发，然则绵绵不绝的力量。职业尊严在今天俨然已经成为一种稀缺资源。我常常为很多“社会精英”级的人物工作。但是，即使在这个人群中，“端起碗来吃肉，放下筷子骂娘”者有之、“常在河边走，主动去湿鞋”者亦有之。可见，职业尊严跟教育程度、社会地位甚至眼界都没有必然联系。

我深深地迷恋每一个人全情投入于自己手艺时的样子，无关这手艺是写代码还是扫大街。不为任何人，自己就是最大的理由，不苟且、不应付、不模糊，把自己正在做的事情当作与世界呼吸吐纳的接口。

这，就是尊严的来处！

越是努力，别人就越友善

一个23岁大学刚毕业不久的小姑娘给我留言，每个字都能听得到委屈，“姐姐，我在一家公司做文员，这是我毕业后的第一份工作，做得特别用心，特别努力，可还是得不到同事和领导的认可，大家总是排挤我。以前读大学的时候听别人说，社会上什么人都有，坏人特别多，现在总算见识到了。姐姐，你刚毕业那时候也是这样吗？”

如果没有人提醒，我差点没发觉毕业已多时，成年人世界里的时间太狡猾，稍有不慎就有让人荒废生命的风险。从出国到今天的四年里，我也有曾经满腹委屈伤心流泪的时刻，就如同这个对人性失望的小姑娘，觉得天底下尽是落井下石的人，可是对比着自己与很多人的从前与现在，发觉每一个人的生命在这四年里都因着自己的努力发生了或多或少的改变，我也同样悟出了这样的道理——你弱的时候，坏人最多。

我的朋友小鸥四年前刚刚成为办公室新人的时候，几乎每天都要在通讯软件上联络我，说的话大致都一样，无外乎是在事业的最开始受了挫。她说，“我每天最早去办公室，打扫好卫生浇好花等着同事来，有时还给元老级的同事备好一杯热咖啡，可是恭恭敬敬端过去的时候，人家看都不看我一眼哩。”又或者，“我同经理一起加班到8点半，饿得头昏眼花两脚发麻还要去赶公交车，可经理连问也不问我要不要坐顺风车。”更崩溃的是，她说起唯一一个不用早起加班的周末，办公室比她大两岁的姑娘命令一般地通知她去公司，等到她手忙脚乱地到了公司里，那姑娘把厚厚一沓资料丢给她，连礼貌和客气都省略得干净，“哎，你帮我把这个做了吧，我家有事，要赶着走。”

四年后，她在同一家公司工作，在公司以各种理由把绝大多数女员工辞退，她是所留下的不多的女性之一。办公室新人每天为她备好一杯茶，满眼都是笑，“姐，你看这个文件怎么做？”有时留下来加班，有男同事献殷勤，“小鸥，我送你回家啊！”她轻轻笑，“哦，不用了。”一转眼钻进白亮的轿车里，潇潇洒洒地开走了。周末时她依旧偶尔去加班，却只是为自己的团队和业绩，哪有人再敢把厚厚的一摞资料丢在她桌角，人人都向往着成为她。

同样的，四年前我的朋友萍子决心去北京做北漂一族，贫穷时一度委屈着自己。别人热心地介绍她去相亲，对方刚坐下便已露出那条粗厚的金项链，一张嘴就是这句话，“听说你家不是这儿的呀，我有两套房子，钱是不愁的，就想找个姑娘一块过。”

后来经历的几次相亲，比那一次更糟糕，中间人很抱歉也很直白地告诉她，“真对不起，人家说你挺好个姑娘，但就是外地的，工作不稳定，每个月就三千块钱工资，这成家了怎么过呀！”她周末去商场闲逛，被导购紧跟着生怕她顺手牵羊地拿走哪件标价五百块的连衣裙。她在距离公司两个小时公交车路程的地方和别人合租了房子，连续几日被狂欢的租客吵得不得安生，她无奈之下推开门，轻声说：“请问可以小点声吗，我明早还要去上班。”人家竟然斜着眼睛告诉她，“呦，有钱你就别住这呗。”关上门，外面又是一阵刺耳的笑。

四年后，她在同一个城市买了房，虽说只能付上首付，可这也是多少人梦寐以求的归宿，别人不再称她是剩女，而是“成功的女性楷模”，因工作结识的高质量男人让她再没了相亲的时间。

她去商场买衣服，也不用再莫名地觉得心虚，那些导购看见她衣服上的logo，笑容又堆了一层，讪讪地跟着她，“您的气质好，穿什么都好看。”她不用再和别人挤在一个狭小的空间里，晚上在浴室里泡个舒舒服服的澡，没有人再吵着她，说那些令人伤透心的风凉话。

一个网上结识的朋友阿兰四年前毕业时追随男朋友去他的家乡城市，整整半年找不到适合自己的工作，在家中看肥皂剧吃薯片偶尔投投简历，整日穿着睡衣抱紧ipad过主妇的生活，不自知已经胖到了巅峰状态。这安逸让她忽略了男友嫌弃的眼神，直到有一天他向她坦白自己已经有了另一人，这男人换上一副冷漠的表情，限她一周时间搬出去。她所有的财产不过一只行李箱，剩下的一切原本都依附着男朋友，阿兰哭着挽回这段感情，在这段晴天霹雳里几度差点哭到晕死过去，可是男朋友嫌弃地冷眼看着她，他那新的姑娘也已经大大方方地走进来，一副女主人的姿态，“哟，这还赖着啊？”阿兰站在陌生城市的街角，人来人往，多么热闹的大都市，竟没有一个温暖的地方可以接纳她。

四年后，她在这个城市已经扎了深深的根，把分手后的全部时间都投入职业生涯里，终于发现工作比爱情来得可靠。她没有了看肥皂剧的时间，只肯把时间用于健身房和游泳池，身材好得不亚于瑜伽教练，令同学聚会上的朋友惊讶地认不出。当年的男朋友也数次找来她，热切地说着挽回的话，她只是告诉他，“对不起，我已不是当年那个不能没有你的人。”她已经和多金又帅气的海归男友订了婚，无暇去顾及那段营养不良的旧恋情。

四年前我办理出国手续，一副学生的青涩模样，穿梭于各个公证处，在拥挤的人群中低声下气地求着一个又一个人。总算出了国，生活也没有让我轻松地过，我以一个典型无依无靠的中国人着陆的姿态，半悬空地过日子。我没有绿卡，为攒学费在华人开的中餐馆打工，自动为自己的人工费打了半折，抬头就撞见老移民的傲慢和冷漠；我没有钱，吃泡面、住最廉价的房子，不肯坐公交车一个人下狠心走夜路，连遮带掩也盖不住自己的贫穷，只听见“这么辛苦还出什么国啊”的尖利声音，却连个施舍分毫、拥抱的人都找不到；我没有一技之长，像浮萍一般没有抓牢的依靠，每个晚上担忧着明天，这生活中意外发生的每一件事都如惊雷一般破坏着我的生活，那些歪瓜裂枣有几个臭钱的男人在我身后等着买青春。

四年后终于在国外扎根，结束半悬空的漂流生活，一个人跑到陌生的城市创业，穿梭于政府部门和搜寻新生意的路上，做自己的老板、工人与会计，邮件里塞满老移民的问候与咨询。我住在房车里，闲时写字旅行，消受当地人70岁之后才敢拥有的人生。那些歪瓜裂枣有几个臭钱的男人退后一步，假装高雅地谈着诗，我昂起头的那一刻，他们知道无法用金钱来收买我的青春了。

记得和朋友讨论过在出国最初曾经受过的委屈，朋友感慨地说，“其实我们也该知足了，幸亏生而为人，这如果是在动物界，就我们两只小绵羊，早就被吃了！”我心生感慨，物竞天择，适者生存的道理，到哪里不都是适用，在我们残酷的社会里，一个人单靠直觉就知道最弱者在哪。

我曾经质疑过人性的残酷，却发现这质疑是如此无力，那些年遇见无数坏人，他们给我多少委屈多少眼泪，令我下无数遍“以后一定要出人头地”的决心，却也让我看清楚，努力是唯一解脱的方式。这生活每达成一个新的高度，仿若身边就减少一个坏人：找到一份体面的工作得以留在异国生活，那些说着“真见不得明明留不下来还死撑着不走”的人不见了；赚了钱，那些天天说着“哟，都这么不容易了还不找男朋友啊”的人不见了；换了好的居住环境，那些说着“这么便宜的房租你还要天天洗澡？”的人也不见了……生活用最残酷也最真实的方式告诉我，坏人很多，是因为自己很弱，他们一眼看穿了我的窘迫，这窘迫出卖了我的弱小，它被放大被利用被娱乐，掩盖住人性所有的闪光点。这也让我懂得，一个人，唯有强大，才有选择的权利，才有被重视的资格，才会做出最有力最有尊严的反击，否则无论你逃离到世界的哪个角落，都会发现那里的坏人特别多。

这生活中有那么多我们看起来春风得意的人，我们常常以为这是幸运，可没有人知道他们用了四年还是十年来打磨弱小的自己，变成如今这么光彩的一个人，就像没有人问小鸥四年里熬多少夜准备一份份资料，也没有人知道萍子是如何拼命赚钱又省吃俭用，以及阿兰什么时候把别人用来玩乐的时间放进了健身房……我们唯一能看到的是，她们身边的人似乎特别友善平和，这世界对她们来说没有苦难没有艰难，只有温柔与浪漫。

我想了很久该如何回复这个23岁正失落着的小姑娘，最后还是删掉了之前写下的长篇大论，只留下这样一句话，“你弱的时候，坏人最多。”

这几个字缺乏温情，看起来冰冷，却是生存的至大道理。生活中还有更多的残酷，需要一个人亲自去理解，而我相信，这个初入社会的23岁小姑娘，总有一天，她坚持不懈的努力，会让那些曾经的坏人，越来越友善。

不停下脚步，只为未来的美好

我在大学时并不是一个特别能出风头的人，更多时候我喜欢钻进自己的小世界里。大学期间最喜欢的是画画、听广播以及写字，这三个爱好有一个共同点，就是不需要直面和人打交道。

虽然学的专业是服装设计，但我的梦想却是成为一名漫画家。我在学校组织的社团就是关于画漫画的，那时候自己有点投稿经验，所以当时召集新人加入社团，办活动、画海报，都是亲力亲为，而且忙得不亦乐乎。

我的文字功底还好，唯一的问题是，我只能写自己的故事，不太会编。

广播情结从小就有，只是大学的时候开始泛滥，头脑一热还去了学校广播站。后来阴差阳错地去了当地的电台做了几期嘉宾，一毛钱报酬都没有，还要自掏车费，不过自己依旧玩得不亦乐乎。

所有这些让自己开心、娱乐、丰富的爱好，都在毕业之后土崩瓦解，差一点儿就灰飞烟灭。

毕业的第一年，我为了对得起自己四年所学，做起了服装设计工作，但是在经历了枯燥的设计、重复的流程和抄袭严重的市场打击之后，决定彻底放弃所学，只是那个时候我把转行这件事看得太简单了。

我以为我有这么多爱好，总能找到一个适合自己长处的工作。

可谁知，这一找就是七年。

七年里，我从原来的设计师变成了后来的杂志编辑、图书策划、广告人、公关公司执行。其间，为了生计，我还兼职做过电视栏目编导、小说连载作者、配音演员、话剧演员、电视剧编剧、插画师。

那时候为了努力赚钱缴房租、还外债，为了让自己可以过得更好一些，我在不断接各种兼职的过程中拓宽了自己的爱好。我就好像一个小小的陀螺，不停地旋转，不停地奔跑，不敢在一个地方停留太久。我不断对自己说：技多不压身，只要有机会你为什么不去试试？

我的自信坍塌于毕业四年后的一次大学同学聚会。聚会的理由是我最好的朋友结婚，她好心地把同一届的朋友放到了一桌。那天晚上，我如坐针毡，昔日同学见面不可避免地会问起，现在混得怎么样？收入多少？买房了吗？……

那一堆人里有毕业之后转行做了室内设计薪水过万的；有结婚后在北京买房的；有职业发展不错步步升迁的；有明确打算自己开公司的。和他们比起来，我似乎还是大学时代那个看什么都感兴趣，带着一双好奇的眼睛看世界的毛头小子，拿着每个月三千出头的工资，做傻小子闯世界的美梦。

那晚，我又羞愧又自卑。第一次意识到，这几年我一直在忙碌，却不知道为什么忙；我没有职业规划，只有一份饿不死的工作和大量的兼职机会……我一直以为自己活得不像他们那样落入俗套，却最后才发现其实最可笑的是自己。

我第一次受困于自己的爱好而找不到前进的方向。

接下来的两年，我逐渐缩小了兼职的范围，放弃了电视领域、剧社和写小说，逐渐集中在了人物专访上，在娱乐圈试水了一把就跨入了广告公司，之后辗转来到了现在的企业。

31岁，还没有找到人生的目标，不知道未来自己适合走哪条路。之后我开始思索，自己想突出的是什么？

一个人可以爱好广泛，但是肯定不可能百花齐放，我不是天才也不是神童。老天让我接触那么多的领域和行业，其实就是希望安抚我这颗易动的心，让自己告诉自己，其实那些不适合你。

可能我之前浪费了太多的时间，导致我已经没有机会可以做一个专才，那么就努力在自己看似全面的这些爱好里寻找一个适合自己的长项，并且集中力量打造它！

我第一个下手的是文字。我觉得它是我目前可以把握以及可以提高的东西。我把过去书架上的小说、散文统统丢掉，开始买人物传记、关注心灵成长的杂志、图书等，我打破了原有的阅读范畴，每个月读15本杂志、4本书，看到不错的题目、稿件、策划就标注出来。我之前从来没有记笔记的习惯，但是开始学着去写总结，学着归纳一本书里自己觉得最大的看点，一本好的杂志选题策划里自己觉得最成功的地方。

我开始有计划、有目的地提升自己的采访水平，每次做人物专访需要看十个小时的视频采访资料，七万字左右的文字资料，全面了解和解析这个人物之后，再逐渐列出主线与关键词，绕开之前提及最多的问题，有重心和侧重点地圈出本次采访的几个重点。

很多事情其实都不难，最怕的是你不用心。

我记得我进公司才满一年的时候，遇到的第一个任务就是主持年会。害怕面对舞台、面对人群的我，内心非常忐忑。为了克服自己登台前的紧张，我托朋友找了份婚庆司仪的兼职，通过十几次的婚礼主持，来克服自己上台的紧张感。第二年的年会主持，那份害怕与畏惧已经减少了一半。

很多认识我多年的老朋友都会很诧异于我这几年的改变。我有时候也在想，自己是不是真的变得太多了？我放弃了画画，放弃了很多爱好，我开始变得理性、有逻辑、懂克制，这些和早年那个天真烂漫、随心所欲的自己真的大相径庭，但是这不就是自己想要的改变吗？

世间没有舍，哪有得？你不放弃一些，又怎能得到一些？

我用了七年的时间去寻找和放逐，用了四年的时间来提取、修正和改变，或许到现在我也不敢说自己有什么过人之处，但是至少我找到了自己的定位和为之努力的方向。

无论经历过什么都是经历，你也会有属于你的经历。我是一个喜欢总结的人，并且通过总结来反思自己，或许你也有自己的总结和反思方式。总之，用自己的方式提醒自己：向前，向上，永远不能停止脚步！

读书，是为了找到更好的自己

有篇文章在微信的朋友圈里被转载了很多次，文章叫作《北京年赚20万与小县城年赚7万的人比，谁更强》。文章里的两个姑娘，一个姑娘放弃了读大学，留在家乡小城当了一名中学英语教师，然后嫁人生女。经历换工作、做生意的日子后，50岁时，她仍然在这个小城生活，有车有房，日子美满。另一个姑娘，与她同龄，当年去长沙读大学，后来在上海工作、结婚，夫妻俩一起拼搏，有了三家公司。50岁时，女儿去英国留学，她和丈夫又回到长沙，经历破产、再重新开始的日子后，她仍然保持着对生活的热情，潇洒依旧。

50岁时的她们，过着相似的生活，只是地点不同。那么，在家乡生活与在大城市生活到底有什么区别呢？读大学、读硕士、读博士或者出国留学，和早早工作、结婚生子又有什么区别呢？

最近回家，遇见小学同学，他以老板的身份在路边带着很多促销员在卖饮料，还牵着一个漂亮的小姑娘，那是他的孩子，已经两岁多了。小姑娘甜甜地叫我阿姨。得知我仍然过着每个月500块钱的穷学生生活时，他一脸诚恳地问我："你这样又是何苦呢？"

我不知道该怎样回答他。在我的内心深处，我认为读书这样的“折腾”是有意义的。至少，在这个过程中，我逐渐将自己的兴趣集中，更了解自己，也更明确自己的方向。而这些，足以让生命更加丰盈而美好。我也会工作、结婚，日子归于平淡，但之前读的每一本书，大学时代的每一段阅历，都会成为我生命中的珍品。

我所在的这所全国顶尖的医学院，有很多护理专业的学生的高考成绩是600多分。一些人因为专业调剂被迫选择护理专业，也有一些人以做护士为职业理想。我认识一个姑娘，她出生于医学世家，父亲是当地优秀的外科医生，母亲是当地最好的医院的护理部主任。用她的话说，即使她只是上个专科院校，毕业后，她也可以因为医院的政策到大医院工作。而她当时是以当地第一名的成绩考到这里的，第一志愿就是护理专业。如今的她，已被保送护理专业的博士。我们曾开玩笑说，这下你终于可以不用在基层做护士吃苦受累了，至少可以去教书。而她固执地说：“我就是要做护士，我相信，即使同为护士，人与人之间也一定是不同的。读书能让人视野不同，看问题的方式不同，在医学院这十年的自己，和专科毕业的自己也一定是不同的。”

我想，她的这两句话就是这些问题最后的答案吧。

没有原来吃过的苦，就没有现在的我

1

有人问了一个问题："如果能够回到十年前，有什么你后悔的事情想去改变？"

有人回答："会告诉胡歌，2006年8月29日晚上一定不要坐上那辆车回上海。"

有人回答："先去清华学两年电脑，再去蓝翔学两年挖掘机，最后去新东方学两年厨师。这样就拥有三个泡妹子的技能，也不至于单身到现在。"

也有人回答："你的未来拿不出手，谁会听你凄惨的过去。"

很多人都会抱怨，为什么生活没有变成自己喜欢的样子，为什么老天总是不公平，为什么理想很丰满，现实总是很骨感？我们总是有做不完的工作，吐不完的怨气，减不完的肥，坑不完的爹。

可事实上，年轻多么好，我们可以为了看一部电影整夜不睡，为了心爱的人辗转反侧，可以笑得很傻很天真。我们会在字条上写下我们的小心愿，尽管现在可能已经想不起来。我们总是可以有各种各样的梦想。

或许，时间的神奇之处就在于，我们沿途所为之付出的辛苦都会在终点为我们绽放。

2

万万做什么都很有范儿。那种范儿是别人无法轻易模仿的。

万万在多年前还有个外号叫“肥肥”，他就像是一个长大版的小胖，多啦A梦中的那个小蓝胖子叮当猫。

现在不管是人类还是动物都吃得太好了，万万去朋友家串门，一只加菲猫的脚胖得都看不见了，抱着他的腿直往上爬。估计猫的内心在对他说：大哥！帮忙把我往上扔一把，实在跳不起来了！

万万虽然胖，但是穿衣服很有范儿，尽管有大肚子，但是他也会把服装搭配得特别好。

三年前，万万去了铁路上班。所有人都羡慕那一份稳定的工作，但是万万觉得太枯燥了。他觉得那不是他想要的，于是万万不顾家人反对，果断地辞了职。

辞职后的万万去了一家旅行社。当时，他的薪资是旅行社里最低的。可是，从他打算从事这个行业起，不管是在烈日下面跑，在外面拉业务，还是跟在导游身后跑东跑西，他都从没有一句怨言。所幸他人缘极好，有一大帮朋友，去旅行社工作的时候，也得到了很多朋友的支持，再加上他乐天派的性格，他在旅行社的表现很快就得到了大boss的认可。

如今，万万开了一家自己的小旅行社，生活一步一步按他所想的那样去发展。

热爱让很多人被喜欢的事物所吸引，专注则让他们忘记自我，将自身潜力发挥到极致。这世界充满挑战的事情太多，但在年轻的时候，有无限种尝试的可能。

我看过一个姑娘的故事，她只有25岁，却用插画登上了福布斯排行榜。在她的成长环境里，律师、医生这样的职业才是社会主流价值观里最有前途、多金的职业，画画是“不务正业”，或者是“青少年的梦想，不切实际”。

但是童年学画画的经历，启发了她的想象力。从那以后，小学、中学美术课作业就成了她最期待做的事情。后来她去了美国，由于是国际生，毕业后一年若不能将学生签证变成工卡就必须离开美国。这样的生活压力让她走出舒适区，不沉迷于享受，刚一毕业，她就从零开始。

面对纽约高昂的房租和生活费用，她只能租着远郊布鲁克林黑人区的房子，吃廉价的快餐，省吃俭用来创作和推销自己。

她说：“那一年我印了600张圣诞卡，每张卡背后都亲手写上了自我介绍和作品的网页。”

最终，她的作品得到了艺术界的认可，她用自己的勤奋和执着在不断前行，努力以自己的风格定义这个时代。

3

有个少年问一个女孩：你不约会不谈恋爱不出去玩不喝酒不逛街不疯不闹不叛逆不追星不暗恋不表白不聚会不K歌不撒野，因为你要学习，请问你的青春被狗吃了吗？

女孩回答：你整天约会谈恋爱出去玩喝酒逛街疯闹叛逆追星暗恋表白聚会K歌撒野，就是不学习，那么你的青春狗愿意吃吗？

和瑞泽从十岁开始学习民乐，我记得他刚开始学的时候，看着乐谱，用笛子吹一首曲子，就像是一个结巴的人说了一段绕口令一样。这些年，他一直坚持没有放弃。如今18岁的他，可以自如地在舞台上演奏出好听的曲子。他长成一个阳光大男孩。如今他努力去准备中央戏剧学院的考试。我看着从10岁到18岁的他，突然觉得时间就像魔法师，会把我们逐一雕塑成更清晰的自己。

在能吃苦的年纪，不要选择安逸，梦想不会在我们睡一觉醒来就会实现。生命的神奇之处就在于：在吃过很多苦，经历过很多煎熬之后，你所积蓄的能量会像阳光一样，照亮你前行路上所有的阴霾，让你和真正的那个你相逢。

未来会在某个不经意的瞬间，对你的付出给予奖励，也会给你更多坚持下去的勇气。

Part 2

命运给你的耳光，一定要扇回去

你要记住，不要给自己妥协脆弱的理由。如果命运给了你一记响亮的耳光，你一定要昂起头，勇敢地扇回去。

命运给你的耳光，一定要扇回去

大学刚毕业那年，我固执地想留在上海工作。父亲几次劝我回家，都被我拒绝了。我爱这座城市蓬勃的朝气。后来，我终于被一家台资公司录用，做文员。

父亲听说我要和同学合租房子，十分担心。他说："要不你去找找你赵姨吧。"

赵姨是父亲一位旧友的妻子。那位老友不在了，赵姨倒还记得父亲，在电话里听说要托她租房子，就让我住到她家里去。那是一幢年头久远的两层小楼。一楼在临街的一面开了家苏式面馆。赵姨住在二层。房间朴素干净，白色的墙上几乎没什么饰物。

赵姨说："那个北屋就归你了，我这个人爱干净，你要注意卫生。你的东西要放好，不是你的东西，不要拿。"那时候，我觉得赵姨一定是一个人住得太长了，性格有点凌厉，一开口，准呛人。

12月的上海，天气总是阴沉沉的，潮气里藏着透骨的寒。那一天，难得遇到一个好天气，可公司却出了大事。经理的笔记本电脑丢了，里面有许多重要资料，特别是一份新产品的行销计划，没有打印，也没有备份。

经理气急败坏地去保安那里调出监控录像，结果发现中午时间，我曾一个人留在办公室。

很快，流言就传开了。下班时，我在洗手间的隔间里，听到外面有人边洗手边嘲讽地说："招外地人就是麻烦，手脚不干不净的。"我真想推开门，冲出去对她们说，外地人怎么了？

那天我情绪低落地回到家，刚走上楼梯，就发现我卧室的房门半掩着，里面传出窸窸窣窣的声音。我轻声走过去，看见赵姨正站在我的床边，不知在摸索什么。

闷压了一天的委屈，顷刻爆发了。我推开门大喊着："我就那么像个坏人吗？我没偷过东西，你丢什么都和我没关系！"

赵姨被我突如其来的脾气吓倒了。她说："今天有太阳，帮你晒晒被子，总是这么潮着，要得关节炎的。"说完，赵姨就关门出去了。

我颓累地倒在床上，干爽松软的被子，散着温暖的太阳味儿。渐渐地，心里的委屈与愤怒，仿佛也被这股味道稀释了。

第二天是个周末，我一直睡到10点钟。出门洗漱的时候，才发现赵姨一直在门外等我。

我抱歉地说："昨天，对不起。"

赵姨却说："我不是要这三个字，我要知道这是为什么。"

我告诉了她自己在公司的遭遇，灰心地说："有时候觉得，还真不如听我爸的话回家。”

赵姨听了却不以为然地说：“你要记住，在这个世界上，你永远不可能左右别人怎么想你。对付质疑的最好方法，就是做好你自己。还是想一想，你当初为什么非要留在上海吧。”

那天晚上，我决定帮经理把行销策划材料整理出来。因为那些基础数据和资料，多半都是我收集来的。我凭着记忆，做出了计划的框架，第二天就电邮给了经理。周一的早晨，经理一见到我就说：“你还挺有心的，你就不怕我怀疑是你吗？”

于是，我把赵姨那句话原封不动地送给了他。我说：“你知道对付质疑的最好方法是什么吗？就是做好你自己。”

大概就是因为这句从赵姨那里盗来的“名言”，我的生活从此有了转机。经理的电脑虽然一直没有找到，但他对我却有了新的评价。

一个月之后，我成了他的助理。六个月之后，我调进了最具潜力的市场部。

2013年的春天，经理要去青岛开发新市场，他决定带我同去。我告诉赵姨的时候，她只是叹了口气说：“走吧，你以后要好好照顾自己。”

一楼做面条的老板，曾经告诉我，赵姨是有过女儿的，初中的时候不知什么缘故自杀了。没人知道赵姨那几年是怎么挺过来的。

总之，她收起女儿所有的照片，学会一个人生活。她可以老去，可以孤独，但她绝不让自己沉溺在灰色悲伤里。

离开上海的那天，赵姨来机场送我。她送我一只手工缝制的荷包，荷包里只放了一张字条，上面写着："你要记住，不要给自己妥协脆弱的理由。如果命运给了你一记响亮的耳光，你一定要昂起头，勇敢地扇回去。"

我坐在即将起飞的机舱里，扑哧一声笑了，可也有晶莹的泪水，从眼角流出来。

安全感，只有自己才能给

高中时，我被班上同学取了个外号叫“亚军”。关于名号的由来是这样的：那几年，我的考试成绩一直奇迹般地稳定在全班第二——倒数第二。你已经猜到了，还有一个叫“冠军”的家伙，常年占据班级倒数第一的宝座，雷打不动。

我们俩就这样相依为命了几乎整个高中生涯。要问我高中时期最爱的人是谁，非“冠军”莫属。虽然这么说有点幸灾乐祸，正因为有了“冠军”的存在，我才能在那几年理直气壮地不思进取。“你看，这不还有比我更差的嘛。”换言之，倒数第二的我在倒数第一身上，源源不断地摄取安全感。这种安全感安慰着我，让我得以远离焦虑和自责。

后来，“悲剧”还是发生了。“冠军”的父母看他丝毫没有交出倒数第一宝座的希望，一咬牙把他送到了市里一所私立学校，死马当活马医了。于是，我变成了“冠军”。当上“冠军”的第一天，我就崩溃了。无助、焦虑、恐惧、不安，一时间像决了堤的洪水把我淹没，积蓄了三年的安全感瞬间烟消云散。也许是因祸得福，从此我像发了疯一样学习，高考成绩进了全班前十，去了一所还不算差的大学。

从他人的糟糕处境中，得出自己也许并没有那么糟糕的结论，然后心安理得地接受自己的不堪，这样的安全感让人停滞不前。我开始明白，从别人身上得到的安全感，至多只是虚幻的自我欺骗。真正的安全感，终究是自己给的。

然而，有些不思进取的人、浑浑噩噩的人、无所事事的人，都如那温水里的青蛙，对自己的处境浑然不觉。他们只知道，世界上还有更惨的人在，还有更多的“清蒸青蛙”“油炸青蛙”，自己尚且安全。他们从没有想过，即使身边的人处境再差，自己的糟糕处境也不会改善半分。更致命的一点是，如果以五十步笑百步变成一种优越感，那么人会把自己的糟糕看成是理所当然。“只要有人过得比我惨，我惨一点又何妨”的想法，容易让人坠入万劫不复的深渊。

电影里有句台词是这么说的：“看到你过得不好，我也就放心了。”其实啊，我并不是希望你过不好，只是害怕你比我过更好，我埋藏在你身上的安全感和陪伴感从此消失殆尽。所以，多少有情人相爱相杀，多少朋友落井下石，为的就是从对方身上获取那一点点可怜的安全感。

2014年春天，在一次高中同学会上，我又见到了“冠军”。令我感到震惊的是，“冠军”成了名副其实的冠军——连续三届市马拉松长跑冠军。当年他转去私立学校之后，在学习上还是毫无起色，然而他在体育上的天赋却被当地一所大学的教练发现。之后，他被那所大学录取，在学校田径队占据了一席之地。在接下来的三年里，他迎来了自己天赋的大爆发，三年马拉松，三个冠军。

“冠军”说：“当我在跑步的时候，风在我耳边呼啸。我突然间明白，我之所以跑在最前面，并不是因为别人比我跑得更慢，而是我比别人跑得更快，这才是我的安全感所在。别人都给不了我安全感，唯一可以给我安全感的，只有我自己的强大与无懈可击。”

把安全感寄托在他人身上与自己建立安全感，是一个人弱小与强大、自卑与自信、幼稚与成熟的分水岭。从他人的弱小或者苦难上面索取安全感，只是懦夫和自欺欺人者麻痹自己的借口。因为从始至终，这样的安全感并没有让你变成更好的人。

而真正的成熟，无非就是不依赖，不索取，自己赐予自己安全感。

会思考，比勤奋更重要

会思考，比勤奋更重要

有个朋友是个理想型的，有想法、有激情、爱折腾，他说想放弃现有工作去找一份天使投资的工作，虽没从事过类似工作，但凭借着内心力量的驱动，他花费了半个月时间研究一个行业，写了一份行业投资分析报告，随后投了份简历。

这哥们如愿以偿收获了面试邀请，看他给我描述时的神态还是有点小激动的，就此可以说明那份投资分析报告获得了一定的认可。但面试时HR总监问了几个问题把他问蒙圈了。

HR总监："对你影响最深的一本书是什么，作者是谁？"

他回答说了书中的几个观点，然后又说作者确实想不起来了。

HR总监问，"平时看科幻电影吗？"

他回答："平时工作比较忙，很少看电影。"这是多么冠冕堂皇的回答啊。

HR总监又问："你对什么痴迷？痴迷到什么程度？"

他回答："除了工作、看些书，确实没对什么事物痴迷过。"

面完试他就觉得这些问题回答得很糟糕，心里有些隐忧。在返程的路上，他收到了HR总监的回复，“通过和同事的综合测评，你的经历不合适这份工作。”

他有点不甘心，问HR总监，“为什么面试没通过呢？”HR总监回答：“知识的深度和广度不够，缺乏远见。”这一句话刺醒了他，多么痛的领悟啊。

深度、广度、远见不仅刺醒了他也深深刺醒了我，他如此，我自己又何尝不是呢。

再仔细分析那几个问题，其实针对性很强的。问什么书对你影响最深，意在考察你对这本书理解的深度，做天使投资理解深度思考是基本素质。问看不看科幻电影意在考察对未来的关注程度。拿这个标准来衡量自己，发现对很多问题思考程度都很肤浅，想到一两层之后就很难再深入下去了。

平时也喜欢看书，也买了不少书，但基本等于白看，仅仅记住几个观点没深刻理解书中的体系结构，知识不成体系是没多大价值的。看了没真正消化，不试图深入思考、理解、消化变成自己的东西，本质上跟没看是一样的。

以前看过一篇文章叫《深度思考比勤奋更重要》，当时看完后也只记住这句话，没什么切身体会，但经过朋友讲述他的痛苦遭遇后发现这句话太有分量了。于是又在网上搜索这篇文章认真地看了几遍，这其实是篇演讲稿，是晨兴资本刘芹写的。

雷军给刘芹打了一个电话跟他说："我一直认为你做投资是有自己的独到之处，你能告诉我，到底怎么样才能做一个成功的投资者？你为什么投资能做得非常不错呢？"

他当时给了雷军一个答案，"我相信我极其的勤奋。我相信天道一定能酬勤！我相信如果勤奋的话，你一定能做一个非常好的投资者。"他本来以为这个答案至少能得到雷军的部分认同，结果他没想到，雷军给了他一个让人惊讶的反馈。这个答案就是天道并非一定酬勤。这个观点当时给了他非常大的刺激。

后来慢慢明白了，勤奋是必要的，但是勤奋是远远不够的。

深度思考比勤奋更重要，但我认为深度思考决定人生，是的，深度思考决定人生。理解这句话需要明确几个概念，什么是深度？深度是触及事物本质的程度，深入理解事物本质是深，只了解事物表面是浅。

决定的意思起决定性作用，但不是绝对作用。人生不是完全由深度思考决定，但起到决定性作用。有些人不需要太深刻照样可以过得舒服自在，比如富二代、官二代，或者买张彩票中了500万，什么深刻不深刻，对他们来说都是扯淡。

各个领域成绩斐然的大咖所做的演讲、写的文章无不是对某个领域深刻思考的结晶，思考的深度及远见一般人望尘莫及。

马云对电商的深刻理解及远见成就了阿里，周鸿祎对流量的深刻理解使入主奇虎前后发生天壤之别的变化，中航502所对离子发动机技术的深度研究和理解造出了世界最先进的离子发动机，使地球去火星的飞行时间缩短到39天左右。

深度思考并不是深不可及的，我们通过练习也可以获得这一技能。一旦深度思考成为习惯，我们的人生将大不同。

请你坚持，即使在黑暗中独行

“黄作家，你的文章发表了吗？”

六年前，厂里的许多同事都用这句话开我的玩笑。1991年高中毕业后，年仅17岁的我就独自一人来到了广东惠州市的一家电子厂打工，但我从没忘记在学校读书时老师对我的鼓励，仍然梦想自己有朝一日能成为作家。于是，在紧张的工作之余，我强忍着腰酸腿痛，坚持在昏暗的灯光下写诗、写小说、写打工的感受并把许多稿件寄给报社。遗憾的是，稿件常常被报社退回来，弄得我很难堪。不知何时，工友们开始戏谑地唤我“作家”，厂里的喇叭上常常飘着收发员的声音：“黄作家，快来收发室拿你的信……”

我总是恹恹地看着收发员从邮箱里拿出一大沓退稿信，然后就听他尖酸地对我说：“黄作家，你的文章是不会发表的。你也不想想，全国那么多名作家、大记者，报纸和杂志怎么会发表你一个打工仔的文章呢？”

屈辱的泪水在我眼眶里打转，回到宿舍，我坐在自己那张破旧的“书桌”前长时间地沉默。一位和我要好的重庆老乡叹口气，劝我说：“阿斌，认命吧！啥作家不作家，咱打工仔注定成不了文人，还是好好地干活吧！”

我执拗地摇了摇头：“不，中国那么多报纸杂志，文章都是人写的，我咋就不行？”

我把那些退稿信塞进抽屉，继续坚持写作。在车间劳动小憩时，我常常从怀里掏出一本书，孤单地远离人群，一手拿书，一手握笔。开工时，工友们就很自然地喊：“黄作家，别啃了，开工了！”

从车间收工回宿舍的路上，我手里仍捧着一本书在读，我的大脑整天都在琢磨别人的文章是如何写的，自己也该如何写。有一次，我正读得入迷，一头碰在墙角上，脑袋上起了个大大的包。我还曾跌入路旁的水沟，湿了半身衣服。有的工友跟在我后面，偷偷地看我如何出“洋相”，当他们如愿以偿时，四周就响起一阵肆无忌惮的哄笑声。

天长日久，我的心渐渐麻木了，任何人都可以起我的哄：“作家作家你别笑，你的文章呱呱叫！”

1992年的春天，我听到了打工生涯里第一句鼓励我写作的话。3月的一天，我们厂要赶一批产品，加班加到深夜，浑身酸痛得要命。下班后，我依旧在灯光下翻阅着从办公室借来的一大沓报刊，一直读到天亮。第二天上午，我的头脑昏昏沉沉的，干活的速度渐渐慢了下来。这时，恰好总经理到我们车间检查工作，他把半睡半醒的我带到经理室，问明了缘由，然后翻展了我的右手。因为连日的加班，我的右手手掌早磨起了一层茧子，手指根部还鼓起了一个血泡。但最让经理惊讶的是：我的大拇指、食指、中指，因长期握笔，也磨出了厚厚的茧子。

我忐忑不安地低下头去，等着经理的怒斥。哪知他并没有责怪我，反而轻拍着我的肩膀，说："黄作家，好好干，总有一天你会成为真正的作家的。至少，你不会同流水线打一辈子交道！"

一句话就使我的泪水流了出来："经理，您说，我真能成为作家吗？"

经理认真地说："怎么不能？我年轻时也是一个穷打工仔，没有任何人相信我能当老板，可是我不信那个邪，苦拼了十多年，终于开起了自己的公司……"

中午，经理向全体工友宣布："黄斌从现在起调到经理室工作，薪水加两级。"那一瞬间，我干涸的心田洒下一片甘霖。不为环境的改变，而为终于有人能够理解自己。

在经理室，我一边努力工作，一边对写作投入了更大的热情。我把更多的稿件寄出去然后盼望成功的那一天，然而，我收到的仍然是退稿信。我只能沮丧地把退稿信默默地收藏起来，继续努力。

半年后，因为国内电子行业不景气，经理决定改变投资途径，厂里的工人纷纷解散。于是，我离开了电子厂，应聘到了市郊一所小学任教。

在学校里，我依旧初衷不改，笔耕不辍，每晚都是最后一个熄灯的人。很快，“黄作家”这个戏谑的称号又传遍了全校。

1993年11月，当寒冬来临时，我遭受了最让我刻骨铭心的一次歧视。那天早晨，我正领着学生晨读，在孩子们咿咿呀呀背诵课文的当儿，有外班的学生进来，塞给我一封信。信封皱巴巴的，是惠州日报社寄来的，我从信封里抽出写在便笺上的信：“黄斌同志，你寄来的《笑对生活》一文，我们准备发表，望继续努力！”

呀！我的文章要发表了，喜出望外的我再也压抑不住心中的激动，一个箭步冲出门一个挨一个串遍了所有的教室。我向所有的老师和学生展示了那封信，我身后跟着一群欢腾的学生，他们叽叽喳喳地议论：“黄老师的文章发表了……”“黄老师早就盼着这一天啦……”

我欣喜若狂，心怦怦地跳；我的泪水哗哗地流，我的手颤抖着……

在我的学生们为我欢呼的同时，几位同事却显得很冷静。片刻之后，教五年级语文的张老师扯住我的衣袖，充满歉意地说：“黄老师，请你别生气，这封信是我编造出来的，它原本是封退稿信！”说着，他从口袋里掏出了我的退稿。原来，几位同事把我的退稿信打开后，伪造了一张稿件录用通知书，取代了我的退稿，同我开了一个玩笑。这一幕，直到几年后的今天，仍深深刺痛我的心。

当时，我真是如当头挨了一棒，浑身无力地瘫倒在教室的讲台上。我耳边仿佛又响起工友们的哄笑声：“黄作家，你的文章发表了吗？”

一个月以后，1994年的元旦，《中国青年报·人生》副刊发表了我的第一篇散文。顿时，全校轰动。

当同事们纷纷向我祝贺时，不知怎的，我却出奇地冷静。我告诉他们：那种欣喜，早在一个月前被你们开玩笑时，我就已经品尝过了，如今，文章真的发表了，我却反倒没有欣喜若狂的感觉了。我还说，其实我早就明白自己的文章会发表的，只是在事实到来之前，我被人歧视得太厉害了，所以我只能让事实告诉你们。同事们静静地听着，谁也没说话。

此后不久，我便回到久别的故乡，继续开始了求学之旅。

也许真是万事开头难吧！自那以后，我先后在《诗刊》《散文》《中国青年》《青年作家》等数十家报刊发表了30多万字的作品。1996年岁末，大学刚毕业的我，还在实习期间即被重庆一家报社借调去任编辑。

我的天资并不特别聪颖，勤奋与刻苦是我成功的最大资本。回想起自己的坎坷经历，我常常想：人生最难忍受的不是贫穷困苦，不是失败跌倒，更不是肉体上的伤痛；人生中最让人痛苦的是歧视。一个人，无论是搞写作还是做其他事情，在你成功之前，往往会遭受到别人的歧视，往往会处于“无人喝彩”的尴尬境地。这时，你必须承认失败，然后在“无人喝彩”的境况下，在别人歧视的目光中，挺直腰杆，自强不息地坚持下去。

时至今日，许多年轻的朋友羡慕我发表了不少文章，却很少有人知道我那段鲜为人知的打工生涯和那痴情不悔的“作家梦”。如今我把这段故事讲给更多的朋友，但愿它能对大家有一些裨益。假如有一天我真正成了作家，我真要感谢几年来的打工生活的磨砺，感谢自己所遭受到的种种歧视，感谢曾经给过我鼓励的经理和给我编造稿件录用通知单的张老师等人。我感到酸甜苦辣咸，都是我们人生中丰富的营养，我经历的那种歧视和失败，原来是一笔珍贵的人生财富，它每时每刻都激起我心灵深处最坚强的力量和信心！

让充满正能量的人带着你奔跑

我敢打赌说，你经常接触的人群中一定会被分成这样两类人：

一类是每次见面或聊天都是“老样子”的那类人，和你说自己沉闷的生活，乏味的伴侣，甚至没什么前途的工作，那神情里似乎没有什么关于未来的惊喜，让你忽然想起几年来你们的聊天都是这样消极的语气。

而你身边的另一类人，是每次见面都有新鲜事分享，他们不一定是你最要好的朋友，或许你们还在某些问题和价值观上有过严重的分歧，可是这场聊天却充满希望，信息量极大，他用欢快的语气和你叙述生活里不断发生的新鲜事，让你觉得自己的生活中也有什么地方值得改变或者尝试。

我把第一种人称为消极型朋友，第二种人称为积极型朋友。

我曾经有过一段比较颓废的日子，不知道人生的目标在哪里。那时的我，觉得自己的生活就是一个无底的泥潭，我没有钱，没有绿卡，没有一个令我期待的未来。

我觉得有那么多鸡毛蒜皮的小事让我担忧或者烦恼，我常常问自己“你人生的寄托在哪里”，无聊害得我无法生出一丁点奋斗的意志。而我们这些充满了消极力量的人，像是在共同经历着可怕的传染病，无法抗拒又时刻地，互相残害着彼此的希望。

我后来偶然认识了一个姑娘，她是朋友的朋友，是永远走在路上的旅行者，她全身总是充满斗志，似乎永远都是忙着的状态，单身，生活的密度却极高。

每次见面，她总是会带来一些不可思议的新鲜事，比如——

“我上周去蹦极了！”

“你知不知道 *The Bucket List* 这部电影？我最近也在做 bucket list！”

“我找到一份在面包房的工作，很辛苦但是结识了很多有趣的朋友哦！”

“我发现了一本好书，你要不要看？”

她和我一样没有钱没有绿卡没有男朋友，可我觉得她的生活充满意义，比我的日子富足了不止一点点。她教会我用一种更开阔的视野去面对人生，让我意识到，我是如此年轻又如此幸运，人生有那么多的事情可以做，鸡毛蒜皮并不足以成为我的全世界。

我从很多“积极型朋友”的身上吸收过相似的正能量，拜他们所赐，我的生活也因为她们发生了一些重大的改变，生活中一些细小的不幸不值得成为我放弃全世界的理由。

我从那些积极的朋友那里，了解到健身房在哪里，哪些杂志好看又有意义，我该如何为一场旅行做准备……我的世界，好像一直隐藏着一扇门，因为她们的到来，我得以拉开这扇门看到更壮阔的风景。

人是群居动物，容易接受周围人和环境的暗示。我至今觉得，人进步的最好方法，就是去接近那些充满正能量的人，而更好的事情，是成为这样一个充满正能量的人，去改变去吸引更多需要这种力量的人。

失败也没什么，你不需要沮丧

1

那是骑着单车还能恋爱的时代。

有乐队在空洞的废弃教学楼里玩音乐，有人在谈论诗歌，高声说出梦想也不会被人笑话。

那时候，张叉叉还在拼命读武侠，对喝酒吃肉的江湖心怀向往。江湖中人没有正经营生却永远有银子花，这是张叉叉无法成为侠客的根本原因。那时候，我们还很随便，分分钟就喜欢上一个姑娘。张叉叉把他喜欢过的姑娘都写进了文章里。在纸上的世界里，他过得活色生香，二八佳丽打破脑袋抢着要跟他好。可事实上，他连姑娘的发梢都没挨过。

那时候，我们住简陋到极致的集体宿舍。那是一片新建的厂区，位于荒郊野外，没有电视，没有网络，没有游戏机，没有报纸杂志，没有年轻姑娘，没有一切精神生活。我对原始人般的生活现状表示不满，整天喋喋不休地抱怨，但为了钱不得不继续坚守。张叉叉却显得很无所谓，他以冲凉为乐，从夏初一直冲到深秋。

放假的日子，我们赶紧骑上破单车，穿过金黄色的油菜花的海洋，穿过炊烟袅袅的村庄，穿过海风腥臊的渔场，骑行两个多小时，终于来到繁华的市中心。我们大口呼吸着城里的空气，拼命往人堆里钻。只有在那个时候，你才觉得人类那么亲切，才意识到扎堆那么重要，就连路边循环播放的招揽顾客的烂俗口号都格外动听。我们穿梭在大街小巷，恶补资讯的空洞，似乎只是看一看琳琅满目的商品和表情各异的人类，就能获得精神上的无限满足。

偶尔，我们会无比奢侈地在旅馆开一间房，睡一晚，第二天继续流连于霓虹闪烁的城市腹地，直到下午才回到厂区。我觉得自己就要离开那块不毛之地了，但是我还没有攒到足够的钱和勇气。

张叉叉继续写小说，他把文稿保存在办公室的一台电脑上，很晚才回到宿舍。每次回来，他都兴奋地唠叨着字数和情节的进展情况，有时候他还会询问别人的意见。不过，谁也没认真听他的话，大家忙着发呆或者盘算未来，没空理会他。

我那时候打算报考美院，于是重拾画笔，和张叉叉一起坐在办公室里熬夜。张叉叉把键盘敲得噼啪作响，我的铅笔落在画纸上，也发出沙沙的声响。这两种声音使我的神经莫名地兴奋起来，运笔越来越快。我感觉到神灵的眼睛穿过浓重的黑暗在看着我们。我把这个想法告诉了张叉叉，他刚写完一个高潮迭起的段落，正无限满足地仰躺在椅子上。这时候，主管进来了，他默默看了看张叉叉的电脑界面，又看了看我手里的画稿，然后拉掉了电闸。他说：“都回去吧，别再浪费公司资源了。”

第二天，那台电脑不见了，不翼而飞的还有电脑里存放的文稿，那是张叉叉奋斗了20多个晚上的产物。不过，他没有表现出应有的悲伤和愤怒，而是一如既往的无所谓，他指了指自己的脑袋，说：“都在这里，不会丢的。”

2

我们辞职了，并且迫不及待地搬离了那个没有美女的荒郊野外。新的住处离我报考的美院很近，所谓近水楼台先得月，我因此有机会去美院蹭课，并且自此公然出入图书馆。张叉叉决定把躺在脑袋里的那本书写完，他淘了一台二手笔记本电脑，接上网线，从此蛰伏在家，像一个真正的艺术家。

每天都有好消息传来，比如某网站力邀他加盟，某机构又与他签约，阅读量创新高，粉丝数过万……只是，没有一分钱进账。他信誓旦旦地宣称自己即将成为万众瞩目的人气作家，日进斗金。

不过，在成名之前，我们还需要吃饭和交房租。那时候，我们都已经毕业，羞于沦为啃老族。我费了九牛二虎之力在文化公司找到一份兼职，给一本儿童杂志绘制漫画，张叉叉负责写动画脚本。这份并不费力的兼职却带来了颇丰厚的收入，结算工资那天，我们勾肩搭背、手舞足蹈，像两个神经病。晚上，我们对小餐馆的油爆肥肠和麻辣豆腐赞不绝口。张叉叉特意买了一罐啤酒，喝了几口，又向我要碳酸饮料了。夜色空蒙，微风醉人，走在回住处的路上，我感到莫名的振奋，忍不住唱起了歌。

那时候，虽然穷困潦倒，但始终相信美好的未来就在正前方。只要坚持，就能到达。

美院的招生考试结束，冬天已经深了，我匆匆赶回家。张叉叉也写完了故事，正通过网络卖力地推销。

3

回到故乡的小镇，一切都是熟悉而亲切的。父母的关怀备至令我感到惶恐不安，我承担不起那样无私的爱。落雪了，小镇宁静而乏味。早晨躺在床上，鞭炮声此起彼伏，和窗外单调的风景对峙，百无聊赖。亲戚们嘘寒问暖，聊些无关紧要的话题，关心庸常的生活。这个地方虽然温暖，但是用不了几天，我就会受不了它的乏味。用矫情的话说就是：在这里，我的内心得不到任何响应。

张叉叉已经不再把大富大贵的希望寄托在写文章这件事上，我也考砸了。我们意识到，当务之急是找份靠谱的工作糊口。造化弄人的是，我最终被一家媒体录取，从此走上与文字打交道的不归路；张叉叉却进入一家管理咨询公司，与他热爱的文字没有半毛钱关系。

我们租住的小区面临拆迁，到处都被粗暴地写上了红色的“拆”字。我晚上窝在屋里写稿，经常听到城管骑着摩托肆意穿梭的声音，警报不停地叫着，好像在宣告这里随时都会被夷为平地。

天气晴朗的日子，我们会骑单车去乡下，那里人稀车少，不用太担心被那些喝了酒乱开车的家伙撞死。那时候，天空蓝得像一块水晶，棉花糖一样的云团飘在空中。看多了灯红酒绿的浮华，我们又向往风轻云淡的素净。人就是这样，在此岸和彼岸之间纠结，轻易就蹉跎了一生。

有一天，我们骑行到乡下，正打算折返，张叉叉的那辆破单车彻底散了架，链条断成好几截，前轱辘也严重变形。张叉叉随手把它扔到路边，然后默默坐到一旁。

他淡定得就像啥事都没发生似的。两个小时后，我们回到住处，张叉叉为了感谢我陪他傻傻地走路，请我去小餐馆吃油爆肥肠。那时候，即使囊中羞涩，钱依然是我们最不在乎的东西，总以为有的是力气和智慧，千金散尽了，分分钟又能挣回来，既富且贵的日子会在不久的将来水到渠成。

4

房东终于通知我们搬家了，推土机早已扫平了周围的老房子，灰尘遮天蔽日。一幢幢别致的小洋楼在河对岸拔地而起，每天都有人在那里构思着新家的模样，但我们明显不属于那里。好不容易找到新住处，价钱同样便宜，不足之处是离上班的地方更远了。

我们尝试着练摊，从批发市场进了些货，梳子、指甲钳、打火机之类，最终只以五毛钱的利润卖掉一只小红灯笼。那是在一个小孩的不懈坚持下才达成的交易，此后再无人问津。我们在夜风中被冷落了五个晚上，然后意识到逝去的时间才是最昂贵的成本。

我认真想了想，最终坚定了继续报考美院的念头。我把这个想法告诉了张叉叉，他立刻兴奋地对我说：“其实，我也更想回去编故事。”于是我们一致决定把地摊上的东西无偿送给路人，可是路人更愿意相信我们居心叵测。最后，那些东西连送都没法送出去，只好放在路边，任由想要的人自取。

回去的路上，我们互相说着安慰的话，但很快发现对方好像并不沮丧，完全没必要自作多情。没尝过失败的滋味，你都不好意思说自己奋斗过。所以，失败是一件很酷的事情。

无论如何，我还是蛮喜欢张叉叉试图安慰我的那句话：“没什么大不了，没什么特别重要，明天会是什么样子，后天就知道了。”

往前再看一步

往前再看一步

给领导当助理，这个工作一点都不简单。你的领导并不在乎你有多优秀、多出色，对他来说，他不需要天才，他只需要一些肯干、踏实的人。

小王刚大学毕业就给李总当助理，她做事非常体贴到位。李总第一次注意到她，是因为有一次，小王问他有没有签署一份文件。李总当时走神了，就很随便地打发小王说："我从来没看见过这份文件。"

小王什么都没说，立即折回，在电脑上找出文件，重新打印了一份，再次让李总签字。

后来，李总在自己的公文包里发现了这份文件。想起小王做事的态度，就对小王格外留心。

有一次，有份工作报告，他让小王做一下试试看。小王请教了很多人，测试了很多方法，终于做好了报告。

当她把报告交给李总时，李总扫了一眼，说："花架子是有了，但是这个报告最需要的是数字，你需要把数字总结出来，然后进行分析。”

李总后来把这个报告交给了其他人做。在一般人看来，自己额外付出劳动，写了报告，还得不到领导的赏识，肯定以后再也不会干这种“出力不讨好”的事了。然而小王利用业余时间报了个学习班，去学了三个多月的会计学知识。

后来，李总再让小王做分析报告时，明显能看出她做的东西非常有章法。到后来，甚至一些重要的项目，他也让小王来做，小王的工资当然也水涨船高，超过了助理级别的待遇。

你的努力，千万不要担心没有人看到。去做每一件你从未尝试的事情，都可能为你增加价值。

让自己长线发展

当你年轻、没有太多社会资源的时候，不要灰心，记住，你就是自己最宝贵的资源，你所做的每件事里都藏有机会。

小程从事IT工作，原本他在一家不出名的小公司工作，为一些大客户服务。有家大公司要完成一个项目，其中有个环节耗时耗力，于是就外包给了这家小公司。

在领导的任命下，小程和其他两个伙伴成立了三人项目组，到大公司进行服务。坦白地讲，这不是个轻松的活儿，而且大公司要求他们24小时开机，随叫随到。

其他两个人听到后，非常气愤，他们对小程说："他们有什么权力来安排我们下班后的工作？他们的钱是给我们公司的，又没落到我们个人头上。我们不用管，下班就关机。"

小程也明白，下了班自己没有义务再来服务了，但他没有关机。一天下班后，他接听了大公司工作人员的电话，要他解决一个问题。他马上赶了过去。没想到，两个搭档都没有过来，于是，小程就一个人熬了一晚，解决了问题。

这个项目做完后，小程和同事回到了自己的公司。突然有一天，小程接到了一个电话，原来大公司的领导对小程的印象非常好。大公司的领导想，与其经常花费大量资金外包这部分业务给其他公司，不如在自己公司成立一个小部门专门做这件事。成立这个部门就需要一个可靠的人来做事，他第一个想到的就是小程。

后来，小程顺利办理了离职手续，大公司留给他的位置是一个新部门的管理者，收入也比以前的公司提高了两倍。

看他人不可坐井观天

孙先生带领一个销售团队，他感觉自己的领导能力很强，大部分情况下，团队还是能够上下一心、全力以赴地做事和高效地解决问题。

唯一让孙先生有点头疼的是下属小杨，小杨常常与他唱反调。

例如，当孙先生看到行业中其他竞争对手搞起一些促销活动时，他也准备模仿。大家开会讨论时，小杨跳出来质疑："为什么别人这么做，我们也要这么做，我们的资金背景和他们一样吗？"

久而久之，这个总唱反调的小杨让孙先生非常不高兴。后来，孙先生找到一个理由，把小杨调去了其他部门。

小杨被调走后，孙先生感觉如释重负，可没过多久，他反而有点失落。他宣布一件事情时，再也没有人质疑，也没有人从不同角度给他提供思路了。孙先生这才明白，那些抬杠的人未必就是捣乱的人。

对于共同做事的人来说，不能随意偏好使用哪类人，而疏远哪类人。一名抬杠的下属，可能会让你思考问题时更全面、理性。生活中，我们也应当尽量降低自己个人的好恶，要学会与不同类型的人进行合作。

为了更好的自己，那就努力吧

1

女友最近很伤心。加班辛苦，深夜归家，还不经意听到婆婆和老公抱怨。

原来在他们眼里，一个女人，朝九晚五，下班若还顺便捎回两把菜，才是人间正道。

“过日子，差不多就得了，谁要她那么拼？”

日子差不多就得了？很多人不知道，这个时代，男女都一样，求上得中，求中得下，只求差不多，不会是得了，而是立马没了。不拼尽全力工作，你就滚回去。

而且如今女性不只要钱，是要尊严，想买个名牌包的时候，可以自己刷单不必讨的自由感。害怕伸手讨下去，亲娘也好，亲夫也好，终有一天，会把自己的志气和情分，统统讨绝。

于是咬牙，越来越忙，为了自己。哪怕娘家不解，婆家讨厌，红颜铿锵，四面楚歌。到最后，已经习惯不想倾诉。碰上灵魂闺蜜前来探视，走过去，且将委屈一抱而尽；碰上百货打折，刷的不是卡，是泄愤。

而且脑力劳动者的苦，还在于苦得不明显。对比体力工作者，人人只看到你空调、wifi、西瓜，谁知你不动声色表面之下，是兵荒马乱的内心。

连抱怨都不敢。因为人人都觉得你是自找的：你看看隔壁老婆，打打麻将不也是一生。

可你知道，家庭主妇同样难忍，自己不是没有做过，其工作量远远不输给职场女性。既然都是苦，终究嫌那天地太小，付出太多，委屈太重，掌声太少。

要得太多，那就自己为这体面买单。披上这清冷衣衫，披星戴月出门去。

自己选的路，爬也要爬完。

2

有些女人，看似有工作，实则没有。

一张桌，四壁白墙，斗完地主就等食堂吃饭，闲聊不是儿子就是婆婆；又或者整日无事长舌闲话，一腔热血全在钩心斗角，只盯着女同事的老公又换了什么车；浑浑噩噩，和尚撞钟，不精进不反思，每一天都是对前一天的复制粘贴——

那不是工作。什么才是工作？

它像一场真爱，是你自己选的，自己甘愿的。再苦再累，看它一眼你就燃情，它给你一点甜你就疯狂。使你肾上激素飙升，多巴胺层出不穷。你喜欢那个无可救药地爱上它的自己。它让你对这个时代有归属感，让你的眼神光亮。

工作给你同类，让你不再孤单。

好的上司，值得你敬重。他会让你知道什么叫贤德，宽容，眼界，格局。

厉害的同事，值得你感恩。他会让你懂得什么是创意，扶持，有趣，靠谱。

贤惠的烧饭阿姨，值得你珍惜。她在加班深夜里，给你一碗爱的力量。

懵懂的下属，值得你善待。他是佛祖派来照见你的镜，你的青涩，你的过往，你的历程。

工作让你遇见未知的自己。

在义乌碰到从陕西去创业的女孩子，告诉我，喜欢鞋子，在做自主品牌的电商。团队一行四个，不眠不休，渴了累了喝红牛，困了就在仓库里睡觉。终于迎来第一桶金，拿到钱的那天，四个女生都哭了：没想到自己可以做这么好。

工作是修行，是成就未知的自己。

工作让你知道什么是团队温暖。

我想起大学时候，被挑选参加一个比赛的集训。一个指导老师，同学少年经常讨论到半夜，不眠不休。后来，成绩下来，大家都已经根本不在乎结果，只记得解散那日，青葱校园，大家都哭到不能自已。我们想念一起背过的单词、吃过的消夜、一起洗过的碗。那一刻，我们像幼狼离开狼群，很久不能适应。

遗憾有些老辈人，上了一辈子班，却从不知道为了一件自己喜欢的事用尽洪荒之力，是一种怎样的精神高潮。

工作使你性感。

人人都只知道橱窗里的山茶花系列昂贵，却不知道，香奈儿女士的最后一刻，人们发现她的时候，她依然穿着整齐的套装，戴着珍珠项链，倒在她的工作台前，手里还有未完工的服装和针线。

工作，还能救赎你于茫然。

我自己，头30年，浑浑噩噩，得过且过小公主。只因自小父母宠溺，嫁人后老公敦厚，从来不知道自己"必须""有责任"，要做什么。于是因为对生活没有努力的根基，生了孩子在产床上痛哭，足足抑郁五个月，只因时常情绪上来，就立刻觉得人世苍茫缥缈，根本不觉得有什么盼头。所以难以面对人生渐暮时的黑暗恐惧。

当看到身边有太多如我这样的独生女，被茫然打倒，在婚姻里沦陷，在麻将和空虚里倒下去——犹如我在沙漠里，眼睁睁看着同类皆被生活的饿狼啃成白骨，不知道下一个会不会轮到自己，那酸爽的惶恐，呵呵。

直到被挚友逼着站起来，成为独立写字人。因为工作，跨越焦虑，面对世情，放下骄傲，体察他人。依赖也要丢弃——成为团队核心，再无人可问，只能学会自己给答案；接受有人快有人慢的事实，又逐渐从骄纵走向宽容。

3

只有工作，才能让女人有机会吸取到男性基因里的可贵品质——稳重、理智、宽容、气度，还有他们的绝招——最难过的时候，呼朋唤友一瓶酒，第二天爬起来又是一条好汉。从来没觉得自己这么open过，那是一种发自内心，将全世界装进心中的豁达。

一个女人最大的安全感，是相信自己的能力。看到不思进取的年轻女生，总会遗憾。爱情美好，多多体验，可是，在最好的年龄，眼里嘴里全世界倾尽，却只为一个男人。

总裁太太内心酸楚：他为什么像打了鸡血一样，宁愿睡办公室也不肯回家。她们总以为，是办公室里的小妖笑得太美；其实，他更迷恋奔赴高高的山顶，看着世界的那份惬意、豁达和自在。他们在工作的天地里，有了全世界；可是太多女人的世界里只有男人。

如果没有试过，你不会了解，工作是你日夜相对的恋人，是你后半生让你自带光芒的粉底液，是你自主分泌的玻尿酸，是你身后隐形的翅膀。

我不是鼓励女人们都做工作狂，只是想要你知道，这一生，你一定要试着了解为了自己喜欢的事，为了那个喜欢的自己努力一次是一种怎样的体验。它带来的甜蜜感、满足感，将远远超过你为了个每天见五分钟的男人，盛装艳抹等待的那种满足感。

这样比较酷。

这世上，太多女人是在爱情里长大的。

做成自己，是最好的结局

黑暗的破旧棚屋里，一盏极小的玻璃容器中闪烁着一点略带蓝色的荧光，那是一分克纯镭所发出的射线。一位妇人热切地注视着黑暗中的那点蓝色，仿佛那是世界上最美的景象。

我想，那或许是居里夫人作为科学家的一生当中最浪漫的一幕。也正是这一幕，让我看到了科学的美丽。

十多年前，当我第一次翻开《居里夫人传》的时候，我并没有想到这个跟我有着巨大时间和空间距离的女性会差一点儿改变我的人生轨迹。

居里夫人的故事是从她的童年开始娓娓道来的，那时的她名字还叫玛妮雅，带着一个长长的波兰姓氏，有着宽阔的额头和柔软的金色头发。在她四岁的时候，就能够比大她几岁的姐姐还要流利地读出书本上的文字。她还能够从小学到中学一直保持每门课的成绩第一名。

最吸引我的是，“物理”这个对大多数人而言抽象而艰深的名词，对她而言是却是一个充满乐趣的神奇世界。在巴黎求学的时候，她非常容易地就弄懂了那些枯燥的物理名词和原理，并且运用自如。

不仅如此，她并不是一头扎进物理、化学当中不谙世事的学究，她爱好广泛。她喜欢文学和写作，且极具语言天赋，用她老师的话来说：她的俄语发音让人觉得她应该出生在圣彼得堡。

她真的是一个传奇，让我膜拜。

那一年，我刚上初二，在许多同学为要开始学习物理、化学这两个崭新学科而长吁短叹、忐忑不安的时候，我却踌躇满志，甚至是迫不及待。因为，我马上就要走进居里夫人的世界了。

或许是这种积极的心态使然，我很轻松地就学好了物理和化学。尤其是前者，对我而言，并没有传说中的“门槛”，我大踏步地迈进了物理的世界。

居里夫人曾将那些精密的物理仪器视作世界上最有趣的“玩具”，在她眼里这是一门能够研究出“支配宇宙”的定理的学科。而对于刚刚入门的我来说，那些初级的物理仪器和现象，已经足够令我沉迷了。

那些复杂的电路图仿佛是隐藏着玄机的地图，我可以根据它们顺利地把电流表、电压表、电阻、灯泡连接起来；动、定滑轮和杠杆像极了哆啦A梦的神奇工具，能够让人节省那么多的力；还有地面的标准大气压强，它只能让汞柱升高到76厘米，多一丁点儿都不行，这是何等的精确与奇妙……

有那么一段时间，我甚至觉得自己可以成为另一个居里夫人。当然，当你看到我写的这篇文章的时候就已经知道了，我的梦想并没有实现。

这种心态一直持续到高中。物理对我来说一下子变得吃力起来，每一堂物理课，老师在上面讲得头头是道，我坐在下面听得津津有味，可拿出习题册却总是无从下手。

这种失落让我一下子从“成为居里夫人”美梦的云端，以$9.8m/s^2$的重力加速度跌落到现实的地面上。

最终，残酷的现实让我不得不重新对自己进行定位。最终高考志愿，我填写的是一个自己一直比较擅长却被自己忽视的专业。

我的母校是一所文科院校，刚入学的时候，我以为自己会怅然若失，会在心底深切地缅怀那个今生无法实现的梦想。可事实上，我快乐而又从容地度过了大学四年，原因似乎很简单：我再也不用费尽心力地讨好物理了。

我终于相信了韩愈“术业有专攻”这句话，也庆幸自己没有偏执地跟物理死磕下去。

不过，我还是想感谢居里夫人，她虽然没有成功地将我带入到科学家的世界，但确实教会了我很多东西。

比如如何看待光荣与奖励，如何面对挫折与磨难。在她最辉煌的时候，她将诺贝尔奖牌随手交给女儿当玩具；在她最痛苦的时候——丈夫皮埃尔·居里因车祸身亡之后，她还依然如期去学校给学生上课，完成自己教师的职责。

当我取得了一点儿成绩沾沾自喜，或是遇到挫折感到沮丧的时候，我都会不自觉地想起她，想起她对生活的那种倔强。

大学毕业后，我去了香港继续读书。第二学期有一门名叫“电台节目制作”的课，因为老师是香港电台前台长而吸引了许多学生，选课的人数一度爆棚。当老师把这个学期的课程大纲和功课计划通过投影展示出来的时候，严格的要求和繁重的功课量让很多人打了退堂鼓。第二堂课，我成了依然坐在教室里的少数人之一。

我知道自己的声音条件不够好，但即使做不了主播，过过主播的瘾也是不错的，更何况，我是一个曾经不知天高地厚跟物理死磕过的人啊。经过一个学期的努力， 我们每一个人都顺利完成了之前想都不敢想的两次30分钟时长的on air（现场直播）和个人独立制作的20分钟时长的广播节目。

时至今日，我做了与最初设想完全不同的工作。没能成为居里夫人的挫败经历教我懂得了，有些风景，即使无法置身其中，但远远地欣赏也不失为一种乐趣。

世界如此美好，做不成居里夫人，至少可以做我自己。

Part 3

跟优秀之间，只差时间的距离

当你自己足够好的时候，一切都会好起来的。前提是你要对自己会变得更好这件事，深信不疑。你跟优秀之间，不过只差一个时间的距离。

跟优秀之间，只差时间的距离

一个朋友跟我说，他总是太急了，好像自己还没学会走，就想去跑，所以常常把自己弄得很累。这种感受，我也有。

刚学日语没半年，我就想自己能够考下N1就好了；希望自己可以一年读上百本书，让自己一下子变得优秀；希望刚毕业第一年就可以拿到很高的工资，吃喝不愁，衣食无忧；写一篇文章，希望一夜之间可以刷爆朋友圈，红得人尽皆知……可是，后来这些期望大多事与愿违。当结局总是跟我期望的不一样的时候，我才明白，在成长这条路上，在变得优秀这条路上，我太过心急了。

急于求成，急于被人认可，急于翻身改变命运，急于得到一切。当这些操之过急的愿望没有实现的时候，我就同朋友一样，百爪挠心，辗转反侧。我变得焦虑、不安，时常觉得自己无能。我就是伴随着这样的心情，在最深的渴望里，努力着，学习着，纠结着，受折磨着。

我一边给自己打气，要不断努力，成为更好的人；一边又备受折磨，觉得自己为什么还是不够好，为什么比他人还是差那么多。别人红了、成名了，粉丝和年薪都几十万了，而我呢？

那种滋味真的不好受，它让你觉得自己太匮乏了，太无能了，太差劲了。坐在地铁里，我经常累到想哭；夜里睡觉的时候，也常是彻夜难眠。我的自尊心在折磨自己，我不能够容忍自己不够好，我不能够接受自己还不够优秀。

可是，接受自己不够好，承认自己暂时的“无能”，真的那么艰难吗？

记得一个同事跟我说，他最大的优点就是善于原谅自己。当自己犯错的时候，当自己没有达到自己期望的时候，当自己感到累的时候，他选择不为难自己。我想，我也必须承认自己不够好这件事了。我读书不够多，我的工资不够高，我没有几百万的房子，也没有几十万的存款。

我日语学了一年，还是很差劲；我没有保证自己每天都读书；我上班会迟到，周末会想在家睡个懒觉。那些我想一下子过上毫无压力的生活，一下子功成名就的愿望，都是源于对现状太过艰难的畏惧和恐慌。在困难的境遇面前，我做得不够彻底，我没有全心全力地去面对。累的时候，我总想要逃，怀疑自己，怀疑生活，怀疑理想的意义。

可是，在我如此沮丧的时候，我发现自己还是无法停下来。即便我接受了自己没有天分、不够优秀的事实，我还是不愿意放弃。起码我今天要比昨天好，我今年要比去年好，我明年要比现在好。

我做不到一蹴而就，起码应该做到让自己越来越好。

事情为什么不能从另一个角度看呢？以前我只是一个在北京五环外实习的杂志社的小编辑，现在我已经跻身行业里非常有实力的图书公司做产品经理了。以前我一年读30本书，去年我读了50多本了。以前我连日语里的一句“谢谢”都不会说，现在我多少可以说点口语了。

我不全是无能，我只是还不够好，并且对于自己不够好这件事，太过心急，不能坦然接受。

我不是告诉自己今年要读一百本书吗？我不是要求自己文章要写得越来越好吗？我不是在努力让自己升职加薪工资翻倍吗？我不是还打算去学学画画、练练书法吗？我不是对自己、对未来，都比从前更有信心了吗？

“我还那么年轻，不够好又有什么关系”，我能够越变越好，不就可以了吗？

那些功成名就的人，十年前也大多跟现在的我们一样，一无所有。可是，我们拥有跟他们同样的心气和斗志，十年后，我们也不会太差的啊。我们也许会成为他们那样的人，甚至比他们更好，不是吗？

对于年轻的我们来说，没有上过重点大学又怎样？没有一毕业就拥有金饭碗又怎样？没有进大公司获得优渥的待遇又怎样？没有男朋友，没车没房没户口又怎样……

身边只上过普通大学的朋友，后来摸爬滚打也年薪百万了。最初在七八个人的小公司里“暗无天日”的码字员，最后也凭借经验和能力进入上市公司了。以前没钱要住地下室的同事，现在也有能力住在三环的独居卧室了。

我们一直在努力变好，不是吗？只是在我们还不够好的时候，我们何不试着体谅自己。我们只是需要时间去改变这些，而不是埋怨自己无能。当我们累了的时候，我们就坐下来休息休息；当我们口渴的时候，我们就站起来去接杯水喝；当周末休息的时候，我们适当给自己放个小假。

比起成功，我更希望我们可以成为一个快乐幸福的人。比起你飞得多高多远，我更担心你过得好不好，心累不累。只要你一直在努力，让自己变得更好，就千万别太着急，别太勉强为难自己。年轻的我们，还有大把时间，用来改变命运。

一个朋友说，她觉得自己就像是一个孤单的星球，无父母依靠，没有朋友帮助，也没有爱的人关心照顾。那个时候，我跟她说，当你自己足够好的时候，一切都会好起来的。前提是你要对自己会变得更好这件事，深信不疑。

我们需要明白，跟优秀之间，我们不过只差一个时间的距离。

希望努力着的每一个人，坚持并快乐。

不自律，未来怎么会不迷茫

我和乔乔、许诺在大学时是室友，但三个毫不相干的专业让我们形同陌路。没想到过了半个学期，我们三人却形影相随，其原因是我们同病相怜。

毕业后，我们依然保持联系。那天，和乔乔约在咖啡馆，她气喘吁吁刚坐定，就开始马不停蹄地抱怨。绕了九转十八弯后，我才知道她约我是因为工作不顺心。

这已经是她的第三份工作了，做了不到十个月，又有了换工作的打算。她的每一份工作都没有坚持过一年，她总是茫然得看不到未来。

我知道她一直梦想着能出人头地，也很努力，可总是因为看不到前途而退缩。一次，我去她们隔壁公司办事，刚到楼下就看到她和客户聊得火热。我等电梯时，她追了上来，让我办完事和她一起吃饭。我走向隔壁时，听到她和前台小姐聊了几句美甲的事。等我办完事回去找她时，正好12点，看到她同事陆续向外走，始终没看到她。

我进去找她，才看到她一边复印文件，一边打着电话。我问她什么时候能走，她又开始抱怨自己很忙，还有份文件没寄，让我等她一下。我只好饿着肚子，想象着她每天的工作状态。

几天后，家里来人，我不得不到许诺租的小屋借住。她在一家外企做HR，可她的梦想是成为一名翻译。我知道她在准备考高级口译，很抱歉打扰她复习。没想到，她工作之外的时光和我想象中的大相径庭。

她匆忙吃着带回家的外卖，手里却不停刷着微信朋友圈。我以为她是赶时间去复习，可她却嗑起了瓜子。瓜子皮堆成小山时，她又拿起剪刀开始剪长发上的分叉。等到该睡觉时，她才突然想起书一页没看，匆忙翻了两页，眼皮已经开始打架。

我知道乔乔和许诺的拖延症愈加严重，而我也是如此。

我梦想能出一本书，可稿子写了几年，能发表出来的寥寥无几。有时看到一个不错的素材，却总是被这样那样的事情困住，时间久了灵感消失也就放弃不写了。等看到别人写的发表时，又怨天怨地后悔不已。

直到那次我们逛街时，偶遇许诺的“学霸”表妹，她被美国五所大学录取的同时，弹钢琴、跳舞、练书法等各项爱好也没放弃。时间对每个人都是公平的，可她为什么既能拥抱梦想，又能让生活精彩？

原来，她有一个时间分配表，合理安排时间并做到专时专用，这就是她“鱼和熊掌”兼得的秘诀。那一刻，我们如醍醐灌顶。乔乔在工作上的毫无章法，许诺在学习上的不务正业以及我在写稿时的放纵自己，都归结于拖延症，其实那只是青春路上最冠冕堂皇的借口。而我们无法成功、只能迷茫的根源就是缺乏自律性。

梦想不会投怀送抱，而在实现梦想的道路上应该规范自己的行为，努力在合理的时间内将该做的事情做到极致。不一心二用、不拖沓、不找借口，只有这样，遥不可及的梦想才会一天天靠近。

吃点亏又不会死，怕什么

“上个星期我多加班了三个小时耶。”

“上午就是我换的桶装水好嘛。”

“昨天就是我打电话订的套餐，今天该你了。”

“AA制之后，你还差我两块钱。”

“为什么打印文稿的又是我？”

以上的对话，办公室里天天出现。我从不关注这些话是对谁说的，我只在意这些话是谁说的。

因为我想知道，究竟是谁能把自己做过的每一件好人好事都给记录下来，那他该要有多好的记忆、多及时的反应，才能在第一时间把资料搜索出来。

很多事情，你不说，坚持做，总会有人知道，然后你在别人心目中一定有一个大大的赞字。但是这些事，你一说，便破，你做的这些便显得毫无价值。

很多小孩在成长过程中与父母会有矛盾，私下聊天时，他们其实是讨厌父母争吵时使用的措辞：你知不知道我们为了你做了A，我们为了你做了B，为了你我们做了C和D。小孩并不是傻子，本来心里特内疚，父母这么一说，反而变得像道德绑架。在职场中，更是如此。你和别人算计，别人就和你算计。你表现得怕吃亏，以后也绝对占不着便宜。

我刚工作时，有一大批同时进入电视台的同事，其中有一个和我关系要好，每天早起晚归。为了能跟上他的节奏，我也只能吃力苦熬。有一天，我特别困惑地问他：其他人每天只工作八个小时，只有我们俩“二百五”每天工作将近16个小时，多吃亏啊。他说：工作都是一样多，我们多做了，人家就少做了。你想想，人家工作一年才能获得的经验，我们半年就能获得。人家需要工作十年才能达到的觉悟，我们工作五年就能完成。所以，多工作并不是帮别人减少了麻烦，而是为自己节约了时间。我刹那间有被雷劈过的顿悟。之后，我再也不抱怨加班辛苦，因为我开始知道，所有卓有成效的加班，都是为了让自己升级更快而已。

按照这个思路，多换几次桶装水，总会有女生觉得你体力好，领导觉得你无私，觉得你能吃亏。最不济，你还锻炼了身体，这样的做法只能对自己好，其他人根本占不着便宜。

而打电话订餐我也有经验，我有个小同事曾很长一段时间负责给团队订盒饭。一来二去，就和订餐的小妹熟络起来，有时会多送一瓶可乐，有时会多送一份盒饭，有时能在高峰期插队。总之，只要是这个同事出马订餐，一定能够比其他节目组要更快收到。虽然仅仅是订餐，但团队的同事都觉得他是那种特别会和人打交道的人，在年终团队分享会上，好多同事都提到了他这一点，后来他转岗成为我们艺人关系部的一员，每天负责和艺人公司沟通艺人的档期。他在新的岗位上做得也相当不错，我没有问过他原因，但我想只要他把艺人都当成荤素不一的盒饭，铁定会干得不错吧。而那种差两块钱也要斤斤计较的人，要回两块钱你什么都没得到，你却损失了同事对你的看法——起码他们和你相处，会特别在意与你在金钱上的交往。

打印文稿就更不用说了。我曾经是实习生的时候，就是每天依靠各个节目组让我打印文稿，从而了解各个节目组的录制进程与内容，有时多印制一份，就知道每个导演都在准备什么节目、什么嘉宾，其他节目组打算怎么录制。

其实所有的吃亏，从别的角度来看都是获得。但其实我并不希望太多人知道这个秘密。当这个秘密公开之后，每个人肯定都不希望自己“吃亏”，于是就开始争相抢着“吃亏”，而那些真正愿意吃亏的孩子就会少了很多机会。

就算有两只兔子，你也只能追一只

微博上一位姑娘给我留言，说两年前一位男同学结婚要买房子，首付不够，就找她借了五万块钱，说好半年后就归还的，可是如今两年过去了，也没见对方还钱，现在姑娘自己要用钱了，就委婉地提醒对方是不是该还钱了。结果，对方毫无反应，问得明了，对方就大吐苦水，说结婚后老婆就怀孕了，有了孩子开销巨大，还要还房贷，各种苦衷，各种困难，总之就一个意思：我都这么困难了，你还忍心让我还钱吗？

姑娘很郁闷，不知道该怎么办，让我给出个主意。

我没出！

不是我冷漠，而是我知道出了主意，对方也做不到，如果我说，管他怎么说，反正就是要他还钱，对方肯定会说，这么做的话是不是太无情了？毕竟是同学啊！如果我说那算了，这钱咱就不要了，就当作慈善了？对方肯定说，那不行啊，我赚点钱也不容易。

所以，基本上无论是遇到出轨还是其他情况的求助者，我算是总结出来了，她们确实需要你给出个主意，但这主意必须是两全其美的，比如既让对方愉快地还钱，又丝毫不影响关系，既让对方愉快地回归，自己又丝毫不用受伤的那种主意。

而这种主意，一般根本不存在。

但说起欠钱不还，我想起了自己亲身经历的一件事。

几年前，和一位朋友有合作，在合作之前，我们聊得非常好，各种的三观契合，各种的追求相同，于是，我们华丽丽地合作了。

过程是非常开心的，结果也不错，按照合同约定（本来对方不要签合同，因为我是学法律的，觉得朋友归朋友，合同还是需要的），对方应该在当年11月之前把我的那部分钱打给我。

那笔钱不多不少，大概是我当时的半年收入，我都规划好了，钱拿到后，我要给自己买什么什么，那些心仪的东西都要一一收入囊中。

然后，11月到了，我那个期盼啊，只要对方给我打电话发消息，我就满怀期盼，觉得对方要给我钱了，然而，我从1号盼到了30号，对方都没有提钱的事。

当时我安慰自己，可能人家忙，一时没想起来，也许明天就给我了，那段时间，我最盼望的就是他的电话和消息了，每次消息过来，我总觉得是金钱在向我召唤（财迷本色暴露无遗啊）。

我就这么煎熬地等到了年底，对方都没有提钱的事，我日思夜想，反复斗争，终于在年前的某一天，鼓起勇气，非常含蓄地提醒对方：那个……快要过年了，商场是各种打折啊……那个……之前的那笔钱，时间也超过两个月了，是不是，能不能，可不可以打给我呢？

对方完全是恍然大悟的状态啊，连说，是啊是啊，你看我都忙糊涂了，年底事情多，是我不好，这钱早该给你了，我这几天就打给你哦！

于是，所有的煎熬化为乌有，我就愉快地等待我可爱的MONEY到我的怀抱来，我等啊等，一直等到了过年的前一天，也没等到对方给我打钱。

于是，我再一次联系对方，语气还是非常地委婉，提醒对方这不快过年了吗？咱们是不是该把钱的事聊一聊呢？

对方又恍然大悟了，连连说不好意思不好意思，家里人生病了，老爸动手术呢！人在医院呢，咱先把年给过了，也没多少钱，年后一定马上打。

人家爸爸生病了，我还能说什么呢？眼巴巴地等着明年吧！

第二年4月份的时候，我又问了一次，老爸的手术动完了吧？那钱都过了半年了，我这边也需要用钱了，什么时候方便给我打一下呢？

对方说别这么说，这本来就是你的钱，是我这边事情太多了，实在不好意思，你放心，我会尽快打给你的。

然后，我就再也没有问过对方钱的事，一个月后，我把我的账号和律师函一起发给了对方。那天是星期五，我告诉他，如果在星期天晚上8点之前，我的卡上没有收到这笔钱的话，那么你收到的就不是律师函，而是法院传票！

然后，我就放下这件事和闺蜜们聚会去了，果然，那天晚上我的手机快被他打爆了，我一律不接，搁了无声随便他打，一晚上，他大概打了我20几个电话，见我一直不接，就开始发消息，比如："你太绝了吧！我们好歹是朋友啊！""你先接电话吧，我有话跟你说。""接一下电话吧，我们好好聊聊！""我有苦衷，我有困难，我不是故意不还你钱的。"

我看了看放下手机继续玩，第二天，他继续给我打电话，就是频率有所降低，我依然不接不回。

到了晚上，手机突然跳进了一条消息，是银行卡的提示，显示那笔钱已经打到了我的卡上。

过了一分钟，他又发来了信息，说钱已经打给我了，麻烦接下电话，我还是没有接，把所有的联系方式删除了，并且从心里也把这个人删除了。

先生完全观摩了这一过程，他说都已经还钱了，为什么不再接他电话呢？我说为什么要接，接了说什么？听他诉苦说我太绝，还是继续做朋友？从他欠钱半年不还时，我们就不可能是朋友了。在半年之内，我接受了他各种推诿和借口，已经尽完了我的朋友之义，半年期限一过，那么，我绝对不会再留情面。

当然，也许他的爸爸真的病了，但如果是我，真的遇到了这种问题，我会主动告诉对方我遇到了什么困难，请求对方宽限还钱日期，并且重新约定归还时间，而不是当对方找我时，我再理直气壮地推诿。

也有朋友问我这样做会不会不好意思，在我的人生字典里：对方欠钱不还，都不会觉得不好意思，我只是追回我的合理利益，有什么不好意思的？

很多人被人吃得死死的，就是你跟人家讲理，人家跟你讲情，你跟人家讲情，人家跟你讲钱，你跟人家讲钱，人家直接耍无赖，你若始终拎不清这一点，那被人吃死也就没什么好埋怨的了。

反正碰到这些事，就两条路可以走：第一，愉快地吃亏，别到处诉苦了；第二，果断地捍卫自己的利益，那就别想着情不情、义不义的，如果对方对你有情有义，根本就不会发生这种事。

曾经有位姑娘有类似经历，我把这件事告诉她，她说我做不到像你这样。她的问题是大姑子一家人多次跟她借钱，但从来不还，婆婆又偏着女儿，一起欺压她，她出钱又出力却不讨好，憋得快内伤了。

但我很容易从她的反应中读出些什么，虽然她羡慕我的果断干脆，但同时内心也真心不赞同我这样，觉得太无情无义了。

其实，每一个被别人吃得死死的人，看起来虽然很憋屈很可怜，但其实她们在某一程度上是享受这种被虐的感觉的，甚至从内心里鄙视那些奋起反抗的人，觉得她们心硬、不够善良，不如自己来得顾全大局、有情有义。

若她们真的觉得不愿意这样过，早就奋起反抗了，或者她们在等待一个时机，一个对方肯主动改变，又不影响自己形象的机会。

只是她们不懂，人生在世，没有那么多两全其美，能有一全其美已经很不错了，如果一个人既要A也要B，结果往往不是同时拥有A和B，而是什么都没有，不是有一句名言吗，同时追两只兔子的下场，就是一只都没追上。

六世活佛有一句诗，“世间安得双全法，不负如来不负卿”，正是写照！

没有资格，就得去将就生活

大学时代，室友C姑娘始终坚持“不将就”的原则生活着。在四人寝室里，她的生活是最精致的。面膜雷打不动地一周两次，基础护理日日不停，防晒美白产品摆满一抽屉。夏天出门必须全副武装，冬天出门依然抹着防晒霜。

军训时，我们仨黑了几个度，蜕了两层皮。她，拒绝变黑，涂着高度的防晒霜，把帽檐压到最低，在太阳底下站了20分钟后装生病，和教官说了一下，就躲到树荫下。军训两周，除了两三天阴雨天气，她基本都在树荫下。为了成功拿到合格评价，她托一个做医生的亲戚打了病症证明，这事才了结。事后，她对我们说：“我才不要将就呢，变黑太丑了。”我们都没说话。C姑娘交友也秉持着“不将就”的原则，她热衷于认识学生会会长、社长这类人，对普通同学冷冷淡淡，对我们仨也是。

毕业后，当年与C姑娘相谈甚欢的各位大学红人在自己的领域混得风生水起，也有意无意忽略了C姑娘。C姑娘有着好看的脸蛋，顺利拿到实习资格，却在半个月内离职。理由是：工作太累，经常加班，经理无厘头，看不懂她的策划案。她陆续换了几家公司，都是无疾而终。她在朋友圈里写着："唯有不将就的人，才配得上更好的生活。"附着一张辞职信照片。毕业一年后的同学聚会，C姑娘没有到场。一位和她同乡的同学说，她在亲戚家的公司上班，领着不多的薪资，朝九晚五，工作内容单调无聊。而C姑娘的朋友圈也久久没有更新。

这就是她眼里不将就的生活吗？

你在经济能力尚且薄弱时，将就的应该是名牌衣服，工作能力才不轻易将就；你在依赖父母供养的时候，将就的应该是那些说走就走的旅行，阅历见识才不需要将就；你在军训期间，将就的应该是毒辣的阳光，吃苦坚持的品质才不可以将就。

四年里，室友D为了争取公费出国留学，背单词考证书过GRE，经常温习到深夜，最终成功申请到留学资格。室友M热衷于旅行，每天兼职，忍受老板的苛刻要求，每逢暑假就拿着不多的工资穷游国内各地。大学毕业，M在一家杂志社实习，写着自己拿手的旅游攻略，靠在各大网站积攒的驴友粉丝们在媒体界初露锋芒。

对，她们将就过生活，但她们却从未将就自己的追求。

年轻的我们或许一无所有，此时不必死磕"不将就"，而是坦然地去将就某些事，以达成那些我们不愿将就的事。

如果全都有，就不会有冒险和收获

前几天我遇到的那个男生，看似拥有一切。

他出自重点高中，毕业于名牌大学，还去伦敦留过学，在那边读了研究生，英语想必也不错。

对于成绩优秀的他而言，未来的选择可以说有很多种，而且他的家境不错，如果找不到喜欢的工作，想自己创业，家里也能够提供资金支持他。

尽管如此，他却说："我不知道自己想做什么，也不知道自己能够做什么。"

他愿意向还不熟识的我袒露心声，看来他真的很苦恼。后来他又问我："先生，你既写文章又编杂志，还经营着一家二手书店，为什么你一个人能做这么多事呢？"

他口中的那位"先生"仿佛不是我，而是别人似的，这令我有些慌张，但我老实地回答他："我不是先决定要做什么才去完成这件事。我和你正好相反，当时我没什么选择。为了活下去，在仅有的选项中，我只能不顾一切地去做那些自己能做的事。"

我高中就辍学了，也不是特别聪明，虽然曾在美国待过一段时间，但对英语并不算十分精通。只有这种资历的20岁上下的年轻人，能做的事很有限。

尽管如此，我也会肚子饿，也会想和朋友去玩，也想去旅行。

于是，我只好拼命去找自己能做的事，为了活下去拼命去做所有必要的事。然后那些事一件一件互相关联，持续到了现在。

一直静静听我说的他不愧是一个聪明人，只听他喃喃地说："令我感到自卑的不是我没有什么，而是我全都有了。我的自卑感源于什么都不缺，这反倒使我什么都没办法做。"

找别人商量的时候，通常自己心中已经有了答案。他应该也是如此。

于是我给了他一条建议："如果你不知道自己想做什么，何不全部舍弃呢？舍弃自己拥有的所有东西，解除身上的压力，这么一来，或许你就看得见自己想做的事了。"

要拥有一切的人放弃所有，这可以说是一种冒险。

但正因为是毫无保障的冒险，我相信他一定会有所得，一定可以看见一直以来未曾看见的风景。

弱，不是要挟别人的理由

1

我以前一同事，每次午饭，一样的盒饭一样的菜，一定要从我的盒饭里夹走几筷子。

她说，她基本上是不吃早饭的，因为家里条件不好，能省就省，所以中午尽量多吃点。

某次吃鱼，我没有让给她，她当天特别吃惊，特别生气。

2

她找我借钱，去给刚毕业的儿子买车。

“我跟你说，我们家都困难成这样了，我姐夫就是不肯借我十万，我告诉你，他们家光是房子就有两套，他们家是闺女啊，他们还买房？这是什么？这是贪心！你说他一开公司的，十万都拿不出？我们家是儿子，这几年都这样了，他管都不管！他就是一王八蛋，他们全家都是这德行的！现在人心太坏了！我这话撂这儿，他们家，早！晚！要！倒！霉！”

3

一姑娘，每次聚会吃饭基本上是不结账的，就算大伙说好了AA制，她也不掏钱。

“我这个月工资还没发，实在是没钱了。”她每次都这么说，一样的台词，一样的抱憾表情，“对不起对不起，要不这样，我不吃，我看你们吃。”

4

从国外回来，跟朋友聚了一下，一兄弟的女朋友问我有没有买一些免税的东西。

我说有，比方Diesel的香水，现在用的这个，喏。

她一边欢快地接过去，一边喷了两下，然后就一直拿在手里，她男朋友有点不好意思，苦笑着说：“一定很贵吧，多少钱，我给你吧。”

贫道说：“……我用过了。”女孩子拉着他的手，天真地看着贫道，说：“没关系的。”

后来兄弟默不作声地把香水从桌子下面还了回来。

姑娘一直噘着嘴，临走前，突然大声说：“可是，我都没有出过国啊！”

5

很小的时候，我跟着父亲去旅游。公司组织的带家属旅游，一车人，半车熊孩子。

车开到一处停下加油，旁边有一片菜地，里面种着黄瓜。车门一开，小崽子们“嗷”一声就冲了下去，大人坐在车上笑嘻嘻地看着，看他们跳下去掰人家地里的黄瓜。

我的父亲不说话，我就不敢下去，忍了半天问：“爸，我能一起去摘吗？”

他说：“不许去，这是偷。”

他徒弟跟我使眼色：“没事，小孩掰几个村里人不说的，小孩能干啥，就掰几个，走走，叔叔抱。”

父亲把他推开了。

“我就掰一个……”我说。

父亲说：“你弱你有理啊？”

——弱不是用来要挟他人的，而是要自己变得强大。

我不贪，不是什么都想要

前段时间看见一篇文章，是一对在北京奋斗了十年的夫妻终于首付了100多万买了一套房子，于是讲述了这十年间夫妻二人如何节衣缩食地攒钱，终于买了房子。他们将远在老家的父母接来一起住，再也不用两地相思苦，再也不用算这辈子还能见到几次父母的数学题泪眼婆娑地度日。这个文章得到了几十万人的转载，大部分的声音是“如果我像主人公一样过日子，还不如去死呢”。

当时我立刻想起了另一篇文章，是一个女孩子写的，也是关于买房子的，主题是《房价其实并不高》。她说从自己毕业就攒钱开始买房子，先用攒的十万元买一个深圳郊区房，然后一步步等升值，然后卖掉一步步换房到市中心。我记得当时看的时候她已经换了五次房子了，每次买房卖房无不透露了她的精明与勤劳。她的同事总觉得房价很高买不起，因为同事想买市中心的，交通便利，生活齐全的，还希望是远郊区的白菜价，日常生活中同事也出手阔绰，几乎不攒钱。

虽然我也背负着房贷，且我不觉得房价低，但这两篇文章给我留下了很深刻的印象，并且让我相信了一个道理，在同样的时间里，做了A而放弃了B一定会有牺牲和代价，我们都会错过很多，生活不可能让你什么都得到。节衣缩食的夫妻放弃了十年的生活享受，衣服都只穿工装，鼠标垫都用广告商的赠品，最幸福的事就是每个月往“买房专用卡”上存钱，十年后，他们有了一个大房子，比起很多远离家乡的北漂，能跟父母住在一起，还能奋斗在梦想的城市里就很幸福。精明的买房姑娘放弃了很多娱乐机会和时间，盘算着买房卖房，为自己的小窝一点点制定规划和目标，而并不是轻飘飘地抱怨一句“房价太高买不起”。

生活不会什么都给你，特别是你一点功夫都不想下的时候。我收到过好多刚毕业网友的来信，都说自己的工作很忙，下班就累死了，没时间做任何事情，想要开发第二职业，可又觉得手上没钱，该怎么办？每一个刚毕业的年轻人都会很累很辛苦，特别是有些行业加班到半夜甚至通宵都是正常的事，但是人总是要付出很大努力才会让别人觉得毫不费力。世上没有白赚的钱，也没有白付出的辛苦，只有没下够的功夫与没坚持下去的勇气。而功夫下到什么地方去，努力放在了什么地方，都是可以直接看得见的。

当然，我还收到过来信，觉得自己好忙好忙啊，刚毕业需要社交需要唱歌需要放松需要给自己放个假需要早睡晚起需要吃好喝好养得白白胖胖的，还需要工作好赚钱多能力强业余爱好还得丰富点，这样的日子时间明显不够用怎么办？如何平衡呢？没法平衡，给谁都平衡不了，你想要的太多了。

这些年我也错过了很多，比如天天宅在家里看书写字，周末都不出门，因此连北京的四季有什么特点和风景都不知道；游客都去过的北京的景点我待了八年都不知道在哪里；很多明明可以继续往前走的朋友都变成擦肩而过的过客；等等。但是我也收获了一些东西，比如工作上慢慢走出了一条适合自己的道路，写作上能有一些小成绩，各方面都有一些长足的进展，自己也成熟和老练了不少，赚到更多的一些钱，能让自己和家人过上安稳不局促的生活。我不贪，也不想什么都要，我深知自己哪里下了功夫，愿意接受好的和不好的结果。这让我的生活特别踏实又特别安稳。

当然，我的生活并不那么顺风顺水，也会每天乱七八糟，搞得自己经常睡不好觉，心情暴躁。但我很感激这些不顺利，正因为有不顺利的存在，才让自己看到生活本来就应该是这样的。上帝是公平的，自己已经得到了很多，那么其他事情亏一点也无所谓。倘若生活什么都给了你，那么也一定准备好了一个大坑在后面等着你。别问生活给了你什么，问问自己付出过什么。上帝准备好过完一辈子才让你得到的东西，不可能都积攒到30岁以前都给了你，如果真有这事儿，那么后面一定没什么好事儿还能等着你了。

要想收获更多，就得忍受流言蜚语

1

回家的时候，我在一家专卖店结识了导购晓敏。

我们是在我结账快走人的时候攀谈起来的。她说过两天会来一批新款，她会帮我留几件合适我尺寸的衣服。我忙说："不用不用，我明天就要回北京工作了。"

"你在北京工作啊？真厉害。"晓敏无比羡慕地看着我。

我苦笑："其实在哪里都一样啦，都是一样搬砖挣钱嘛。"

"那不一样啊，你在大城市肯定见识、经历和我们不一样，年轻的时候还是应该在大城市生活一阵子的。"晓敏很认真地说。

这让我有些惊讶，觉得晓敏和其他安于现状的导购不一样，她的身上有一种呼之欲出的野心，那双灼灼发光的眼睛告诉我，她不应该被这小小的柜台束缚。

临走时，晓敏要了我的联系方式，一向不加陌生人的我竟然同意了。大概是这个姑娘引起了我的好奇心吧。

后来经过一段时间的交流，我对晓敏也有了一些了解。原来晓敏不是中途辍学出来打工的小姑娘，她是一名大学生，虽然学校不怎么好，可是也是正规本科毕业。毕业后她原本打算留在省会城市工作，可因为是家中独女，父母不舍她一人留在外地，于是千呼万唤召回了家乡。

县城工作机会少，她的专业也不对口，几经转折没有找到合适的工作，只好来到这家专卖店做导购。可是她自己不甘心，于是悄悄买了公务员考试的复习资料，准备国考。

“县城不比大城市机会多，只有考上公务员或者进入事业单位，别人才会看得起你，所以我一定要考上公务员，我不想一辈子就这样过去。”晓敏曾这样告诉过我。

2

为了改变自己的命运，晓敏将全部精力都投入到备考上。工作时间不让看书，她就把知识点抄到一张张小纸条上面，压在单据的下，生意不忙的时候就抽出来看一看。

中午的时候，大家都趁午饭时间出去溜达溜达，释放一下压抑的身心，晓敏为了节省时间复习，经常叫外卖，自己边吃饭边看做过的习题。休假的时候也不和同事们一起出去玩了，而是自己在家里复习。

时间一长，晓敏有点脱离组织了，同事们也开始议论纷纷，说晓敏自不量力，一个小售货员还想考公务员，还是国家公务员，简直是脑子被门挤了。

有一次，一个同事让晓敏帮自己值半天的班，晓敏还没开口说话呢，其他同事就酸溜溜地来了一句：“你可别耽误晓敏复习，人家可是要当公务员呢。”这种不阴不阳的话就像一根根无影针，钻到晓敏的身体里，将她扎得体无完肤却又找不到伤口。

与此同时，家里的人也没能为她塑造避风的港湾。无知的亲戚们常常给她敲警钟：“晓敏啊，女孩子有个工作就不错啦，花那么多时间准备什么考试，还不如多用点心找个对象呢。”她的父母也常常“不经意”地提点她，她的同学们孩子都会走路了。

对于这些冷嘲热讽，晓敏垂下眼睑，抿紧了嘴唇，一句话都没有回应，一个字都没有反驳。她变得越来越沉默，将一切波动的情绪化作一股无声的力量：做下去，不论如何我都要做下去。

在离考试还有一个多月的时候，晓敏终于崩溃了。她在寒冷的冬夜里给我打了一通电话，她说，西风，我害怕了，我怕自己真的像他们说的那样是自不量力，我怕自己考不上。

我知道，晓敏其实已经做好了准备，她的担心，不过是黎明前对黑暗的恐惧，她所需要的只是静静地等待太阳升起的那一刻。

“晓敏，不要去管别人怎么评价你，燕雀安知鸿鹄之志？他们越不相信你，你就要越证明给他们看，一路不易，要坚持。”我告诉晓敏。我知道这些道理她都懂，只不过同样的话从别人嘴里说出来，往往更有一点说服力罢了。

晓敏只回了一个字："好。"

之后我的工作也渐渐忙起来，两人也鲜有联系了。

直到前两月，我收到了晓敏的信息，她说国考面试通过了。

我说："恭喜。"其实在她那通电话之前，我就知道结果一定是这样。

只要你做了足够的努力，收获不过是一个时间问题。

3

晓敏考上后，同事和亲戚又开始议论纷纷，有人说晓敏一看就是个人才，考上是早晚的事；有人说羡慕晓敏运气好；也有人说晓敏这么普通的女孩子，考上八成是走后门了。评论杂七杂八，唯独没有人想起晓敏曾经的努力。

对于这些风言风语，晓敏像以前一样选择了沉默。自己问心无愧，又何必在乎他人的口水？

有些人就是这样，自己做不到，还不相信别人的能力，永远活在自己狭隘的世界里，不屑一切，又一无所有。然而我们往往却最爱听信这种人的话，为了合群，为了面子，走着他人认为对的道路，所以渐渐变得和他们一样平庸，渐渐也忘记了最初的自己。

话语教给我们很多，但对错还是可以自明。话语想要教给我们，知足常乐迎合大众才是世间的真理，但你也可以选择不听。

就像王小波在《沉默的大多数》中写的那样：从话语中，你很少能学到人性，从沉默中却能。假如还想学得更多，那就要继续一声不吭。

自卑，不是因为我们不好

1

有个姑娘在公众号留言问我：我很自卑，我特别想变成一个自信的人，请问有什么好的建议呢？

这个问题也曾困扰过我很久。我把这条消息加了星标，思考了两天才回复她：

其一，我们自卑，不是因为我们不好，而是因为我们太渴望变好了。

其二，想走出自卑，其实不必急于建立自信，而是该先尝试着认识自己，接纳自己。

认识和接纳自己，我花了不长不短的一段时间。

2

头20年里，我一直是个自卑的姑娘。

我自卑于我的外表：眼睛不够大，眼距宽、几近于单眼皮的内双，牙齿不够白，矮，还有点胖。每当别人指着合照上其貌不扬的路人脸夸我“很上镜”时，我都会不知所措。我甚至惧怕合照，尤其怕和比我漂亮的女生合照。

为了掩盖相貌的平凡，从前的我甚至会花大半个钟头用美图秀秀修自拍，磨皮美白瘦脸亮眼一道道工序完成后，才敢发上朋友圈。可没过多久，我又觉得自己太假了，最终默默地删掉照片。

我自卑于我的出身：我的家庭条件，比起中学时身边的大部分同学，算是寒酸。初中时，班主任家访，我都不敢待在家里。在学校里，大家都是一样的，可是实地走入家中，你才会发现每个孩子背后的天壤之别。

那次家访后，班主任把我叫到办公室，不留情面地说："以你的家庭情况，就该好好学习。"她的话很刺耳，也很真实。当时，办公室里，还有几个同班同学在帮老师分卷子，几个同学在订正作业，大家一言不发。而我无地自容。

第二次月考，我就从前两百进步到了年级前五，班里的同学纷纷投来欣羡目光，我故意回避他们的眼神。我想，只有个别知情的同学，才能看出我躲闪目光里，深藏的自卑。

我自卑于我的眼界：我没有走遍名川大山，没有钢琴十级古筝十级，别人口中那些高大上的词汇，我一点也不懂。

旅游是有钱人才有的消遣。我没有走过名川大山，当身边同学谈论桂林的山水、西藏的雪山、新疆多变的气温，而我只能默默写试卷时，我是自卑的。

乐器更是需要砸钱的高雅兴趣。当文艺会演时，身边的同学展露钢琴、小提琴、琵琶等等才艺，而我只能欣羡地看着，连鉴赏的能力都没有时，我是自卑的。

课间时女生们看着《瑞丽》之类的时尚杂志，她们口中的奢侈品牌对我而言简直比化学方程式还要抽象难记。当她们说“希尔顿酒店”，我却听成了“下蹲酒店”，她们的大笑声响彻教室时，我是自卑的。

3

我从前以为，等我年龄渐长了，一个个地弥补了曾经的缺憾，就不会自卑了。

可是，我发现，等我学会用化妆掩盖缺陷时，本来就比我好看的姑娘已经健身整容，把我甩了不止一条街；等我去过几个邻近省份旅游时，以前同学纷纷已经去国外游学、秀的都是各种我看不懂的英文定位；等我勉强会认些奢侈品牌的logo，他们街拍拎着的手袋已经是一些低调奢华的经典款了。

所以，我继续自卑着。

有时候，我会觉得自卑会是我进步的动力，因为觉得自己一无是处，才会努力地提高自己吧。但是，自卑的我，心态极度不平和，我时常处在焦虑、难过、不甘、痛苦中，任由糟糕的情绪消耗着自己。

让我觉得不能再自卑下去的，是两件事。

第一件事，令我发觉，我的自卑，让我在感情中毫无安全感。

我的前男友颜值家境都比我好，连性格都比我温柔平和，他对我的好现在想来还很感动。可是，这么好的男孩子在我面前，我想的却是：他是瞎了才会喜欢我吧……我哪里当得起他的喜欢？

你看，一个人太自卑，会连幸福都害怕。珍贵的感情降落在我的世界，我却自我卑微到深深恐惧，怕自己当不起、受不住。

连我自己都无法喜欢自己，又怎么能让别人喜欢我？

第二件事，令我发觉，我的不自信，会让相信我的人失望。

有一次，我老板带我去和他的几个朋友茶叙，谈一桩可能达成的合作。老板向他朋友介绍我，说我的专业能力如何如何，句句都是赞扬。而我本来就因为在座的都是大咖而如坐针毡，恨不得打个地洞钻下去，听到老板夸我，更是紧张不已，连忙摇头摆手解释说，自己没有那么好。

其实，老板的话并没有夸大之嫌。只是我的自卑心理促使我觉得，他只说了我的优秀，没有提我的不足，所以我没有他说的那么出色。

看到我那么怯场，老板朋友的眼神里的欣赏明显冷却下来。我老板面子上也有些挂不住。

这件事让我深深地内疚，我觉得自己辜负了老板的信任。我的不自信，让别人对我的相信，没有立足之处。

4

我开始深刻反思“自卑”这件事。

我发现，我的自卑，是因为我对自己没有充分的认识和评估，又太渴望变好，理想过高，以至于现实和期待相差甚远，最终引发自我恐慌。

譬如，相貌、家境这类无法改变的因素，我没有认识到自己天生就只有70分，总觉得自己也该和我所羡慕的人一样有90分。所以，在一次次意识到我只有70分的时候，我才会痛苦和难过。

我不切实际地渴望变好，恨不得自己长一张网红脸，又有着王思聪的家世，弹钢琴弹得跟郎朗一样好，最好还能和三毛一样走遍世界。因为这些过高的预期，我才会一次一次对现实失望，痛恨自己乏善可陈。有时候，完美主义和自卑心理密不可分。

为了对付让我困扰的自卑，我做了下面这些事情：

第一，我好好地看看现在的我是什么样子，不给“现在的我”打分，而是把这个“我”作为参考系。

从前我总是拿自己和别人比较，况且很多时候，我总是拿我的短处去比对别人的长处。别人的状态是变动的，拿别人当参照物，导致我总觉得怎么赶也赶不上，从而产生无力感，觉得自己太差劲。

现在，我只拿自己和过去的我比较。这也避免了我总是因为长相、身高、家境之类已经无法改变的因素而一再地陷入自卑。我已经接受这些短板了，以后我要看的，是将来的我是不是比现在好。

第二，通过一次次小幅度进步，建立自信。

譬如，我以前自卑于自己不敢在公众场合发言，我非常羡慕那些能够对着满场听众谈笑风生，时不时随口讲出几个段子的天生演说家。

我太渴望能像他们一样，可现状是，我是一个连买杯奶茶，被店员问得一紧张，连“中杯”“无糖”“温的”“珍珠奶茶”这几个关键词都说不利索的人。

为了培养发言的能力，我给自己定下很小很具体很容易衡量的目标：我要在每次讲座结束后提问。

我一开始怕自己会提不出问题，但在立下这个目标后，我开始带着问题意识去听演讲，于是到了Q&A阶段都会有问题可问。

我以前还有举手困难症，即使憋出了问题，也不好意思举手。一开始很艰难，即使心跳得快到要窒息，我也逼迫自己机械地举起手来。后来，这成了一种习惯，举手不再是困难的事，拿起话筒发问也不再那么令我恐惧。

我又立下新的小目标：我要把握每一次上台的机会，并且要每一次都要有提高。

于是，我和团队的伙伴们商量，尽量争取我负责上台展示的机会。如果并非严肃的演讲，我就会提前准备好笑点，让观众以为我是一个风趣幽默随口抖段子的人。此外，我会请人帮我录影，回头仔细研究录影，我陆续发现自己会说很多“然后”“呃”、不敢直视观众、频繁撩头发等等问题，并在下一次的演讲努力克服。

我这样练了半年。有一天，我对一个朋友感慨地说我不擅长在公众场合发言，对方很惊讶地说：“不啊不啊，我们觉得你很专业，还很能讲。”听了她的反馈，我觉得我的上百次小练习是有效的，心里安定下来，我不必为自己不会讲话而自卑了。

你看，就连克服自卑，也需要很努力很努力。只有非常努力，才能看起来毫不费力，对我们有自卑心理的人来说，尤其如此。

第三，为自己创造有成就感的体验。

以我的经历看，自卑很可能是因为缺乏成功的体验，才会觉得自己一无是处。

对于我的专业，我是半路出家，而身边的大牛太多了，我起初非常自卑、彷徨，觉得自己是后来者，一定不如别人。而且，对我这种自卑者来说，自我鼓励起不了太大作用。要是给自己打打气就相信自己能行，我也不会自卑这么多年了。

为了获得成就感，以提高自信心，我开始参加一些名不见经传的小比赛。那些比赛参与的人数不多，获奖也容易，我在攒获奖证书的过程中，一次次获得成就感，觉得自己好像也没那么差嘛。同时，在小比赛里攒到的经验值，也帮助我在更有影响力的比赛中获得了好成绩。

我前段时间打电话回家，谈到这些，我妈妈惊叹地说，你真的比以前自信了很多。

我一次次给自己创造有成就感的体验，日渐有了底气，知道了自己的核心竞争力在哪里，也就不会对自己的优点茫然无所知了。

如果你是一个自卑的人，那么不妨先从自己擅长的、感兴趣的领域着手，最快地建立信心。

5

现在的我，依旧是那个眼睛不大、眼距太宽的普通女孩，可我戴上了一副很有修饰性的眼镜，比以前好看了些；

我的出身也未曾更易，可我通过自己的努力，让别人欣赏我的专业能力，说我是个很有前途的姑娘；

我依旧没钱环球旅游、不会拉小提琴、买不起奢侈品，可起码我知道了，我的闪光点在哪里，我男朋友为什么喜欢我；我的核心竞争力在哪里，我老板为什么信任我。

走出自卑的过程，也是与自我和解的过程。在这段历程里，我学会了正确评估自己，不过分苛求自己，在一点一滴中打造更好的自己，心态也从浮躁急迫变得日渐平和。

如果你和曾经的我一样自卑，那么说明你特别渴望变得更好，这是很好的初衷。接下来，慢慢认识、接纳和一步步地提高自己，我们会越来越让自己喜欢的。

Part 4

与其愤世嫉俗，不如改变自己

年轻人，请不要再愤世嫉俗了。多关注一些生活中简单美好细微的小幸福，少关注社会中的阴暗面，把我们有限的生命用来做一些有意义的事情。

与其愤世嫉俗，不如改变自己

我相信每个人的朋友圈里都会有那么几个愤世嫉俗的年轻人。

他们的特点就是爱抱怨，恶劣的环境、糟糕的空气、微薄的收入、节节攀高的物价、悬殊的贫富差距、不健全的社会制度、越来越物质的婚恋关系，似乎他们每天都过得很糟糕。

你看，在愤青们的吐槽里，世界是那么的不美好，糟糕得让人失去了一切奋斗的动力。

当然，我年轻的时候，也曾是庞大愤青队伍中的一员。我恨不得生活中所有的不如意统统归结到社会的阴暗面上。

直到有一天，我在微博中看到一段话，年轻时最好不要过分关注社会的阴暗面，要不然内心会越来越分裂，慢慢侵蚀掉积极向上的力量，滋生黑暗力量。

无论面临的社会情景多么糟糕，我们都有自己可以掌控的部分。社会变革可能需要上百年的时间，可我们的生命仅有一次，也没那么长。所以要在有限的时间，尽可能做我们能够掌控的事。

刹那间，我豁然开朗，慢慢地学会停止抱怨，多看一些社会中的真善美，并尝试着把这些简单美好的小幸福记录下来。

我之所以喜欢写一些真善美、积极向上的文章，是因为我发现网络里和现实里跟我吐槽的朋友，依然有很多愤世嫉俗的好青年。在他们彷徨、迷茫的时候，非常需要有人给予积极向上的正能量。

有一个异性朋友，家境贫寒，从小生长在农村。为了改变命运，十年寒窗苦读，好不容易考进大学，却发现毕业就是失业。毕业大半年，才费劲巴拉找到一份销售的工作，月薪1500，去掉五险一金，还不到1000。最艰难的时候，一顿只吃一个馒头，饿极了就喝水充饥。

每次看到和他同时进公司的富二代开跑车上班，他就开始恶狠狠地抱怨，抱怨社会贫富差距那么悬殊，抱怨生活的不公，抱怨自己为什么没有生在一个有钱的家庭。就这样朋友抱怨了大半年，销售业绩依然为零，濒临被公司开除的危险。

担心被公司开除，温饱都难以解决的朋友又开始和我抱怨。为什么社会上贫富差距如此悬殊？为什么“80后”就这么倒霉？

我安慰他，其实古往今来，无论中西国家都会存在贫富差距悬殊的问题。这是一个历史性的难题，并非我们抱怨几句就可以改变的。我们能做的就是努力做好自己应该做的事情。比如说，你现在应该努力保住这份工作。

正所谓，家家有本难念的经，无论是穷人还是富人都有很多烦恼。穷人的烦恼通常只有一个，就是缺钱，而富人的烦恼，除钱之外，还有很多。有时候，我们所羡慕的光鲜亮丽背后，往往也是一地鸡毛。

前段时间，有个“90后”的小伙子在我微信公共平台上留言，我觉得你文章里描述的爱情都太美好，不适合我们“90后”。“90后”的女孩都太过物质，爱慕虚荣，爱攀比，已经没有你所谓的那种单纯的好姑娘了。

我非常认真地回复他，我相信无论是“80后”还是“90后”都会有单纯美好的姑娘，她们不物质、不虚荣、不攀比，只是单纯地想和心爱的人从零开始享受一段美好的爱情，一起经历那些挨苦的欢笑与眼泪，一起奋斗完全属于自己的车子和房子。

其实一个女孩的品性受外在客观环境的影响远远小于原生家庭的影响。也就说，如果一个女孩她非常物质、爱慕虚荣、爱攀比、工于心计，那说明她的家风和家教出现了偏差。正所谓父母是子女道德品质第一责任人，也是孩子树立正确人生观、价值观和婚姻观的引路人。

无论是“70后”“80后”还是“90后”，都会有一些三观不正的坏女孩，当然我相信更多的还是家风家教正统的好姑娘。所以，千万不能因为一些个例，而否定了所有的好姑娘，从而不相信美好的爱情。

偶然，和一个年轻宝妈谈起二胎政策，宝妈气呼呼地说，现在就算二胎政策全部放开，也没人敢生啊！

国内社会福利待遇那么差，养个孩子多难啊，从出生到上学，再到结婚买房，没个几百万下不来。

要想全面推广二胎政策，必须国家先完善社会福利制度。你看人家瑞典，社会福利那么好，简直就是从摇篮到坟墓的福利保护，孩子出生后，妈妈有九个月的产假，爸爸也同样领全薪在家看孩子。

在瑞典，孩子上学、生病、失业、老人养老、全职妈妈在家带孩子都有保障金，有良好的福利待遇体系作保障，温饱问题无忧，生几个孩子也养得起啊！

我静静地听着宝妈吐槽国内的福利保障多么不健全，又多么向往瑞典良好的社会福利制度。

然后微笑着对她说，瑞典的社会福利虽然是世界上最好的，但自杀率也是世界上最高的。

“为什么啊？”宝妈不解得问。

或许是，生于忧患死于安乐吧！《士兵突击》中，许三多常说，人不能活得太舒服，太舒服会容易出问题的。

瑞士的高福利、低失业率的资本主义模式使人类可以享受的最好生活，是历史发展至此的最高阶段。这种模式不是所有国家都可以效仿的。不过，我相信随着国家的发展，国内的社会保障制度肯定会越来越完善。

然而社会变革可能需要上百年的时间，可我们的生命没那么长所以，我们要在有限的时间，尽可能做能够掌控的事。

是的，作为国家的支柱力量，我们不能总是过分关注社会的阴暗面，然后不停地抱怨。抱怨只会让我们变得越来越糟糕。因为有很多东西是历史发展的必然趋势，譬如，高房价。这些是我们常人无法左右的事情。

我们需要做的是，改变抱怨的态度，积极地去做当下应该做的事情，那么久而久之一定能突破困难，生活会发生质的改变。

到这里，或许我可以说出第一个朋友的结局。朋友停止抱怨后，积极努力地去工作，总结之前失败的经验教训，下班后利用业余时间充电。然后他的业绩突飞猛进，一跃成为公司的销售冠军。现如今朋友已经荣升为公司的销售部总监。

朋友常说，改变是痛苦的，但其成本最低，见效最快。

是的！我们无法左右世界，但却可以改变自己。

当我们年轻的时候，每件事都像世界末日一样，令我们绝望，痛苦不堪。其实不是的，一切只是开端而已，我们还那么年轻，完全可以克服一切困难，勇敢直前。

哪怕就像如今的股市，即使人生崩盘也并不可怕，没有经历人生的连续跌停，又何足以谈人生呢？

若是美好，叫作精彩。若是糟糕，叫作经历。年轻人嘛！就应该活得洒脱一些，不能总是苦大仇深、愤世嫉俗。

热播剧《名侦探狄仁杰》中诸葛王朗经常说，人嘛！这开心是一天，不开心也是一天，为什么总是盯着那些不开心的事情呢？何不给自己一个大大的微笑？

所以年轻人，请不要再愤世嫉俗了。多关注一些生活中简单美好细微的小幸福，少关注社会中的阴暗面，把我们有限的生命用来做一些有意义的事情。毕竟世界是大家的，生命是自己的。

不要把情绪带给别人

好友在电话里高兴地告诉我——她辞职了。我简直不敢相信自己的耳朵，因为实在是找不到她辞职的理由。

她是中外合资企业的骨灰级白领，专业对口，工作轻松，最重要的是薪水不低、福利不薄，一年还有十天年假让她可以毫无顾忌地来场说走就走的旅行。这打着灯笼都难找的好工作，她竟然说辞就辞了，为什么啊?

她说辞职是因为想要远离办公室的一个女同事。这位女同事长得漂亮，身材很好，刚到公司报到的时候，赚足了男同事的殷勤、女同事的羡慕。而在工作上，女同事的能力也不错，做事快，有决断能力，和她搭档非常默契。按理说，这样的同事也是打着灯笼都难找的啊，可女同事经常动不动就在办公室发脾气、摔东西，尽管摔的是她自己办公桌上的东西，可不时地一惊一乍，让人难受。更让人接受不了的是，她经常把家里的情绪带到办公室，找同事倾诉。老公彻夜不归，孩子调皮难管教，就连生理痛，也得全办公室的人跟着抑郁一个星期。

好友说，这二手情绪对人身心的伤害比二手烟还厉害，她不想每天在不良情绪中度过，与优厚的工资待遇相比，她更在乎自己的身心健康，所以权衡之下，辞职了。

好友的事，让我想起发生在自己身上的一件事。那天，经过领导办公室门口的时候，他叫住我，说有事跟我商量。尽管领导的语气是平和的，但是脸色却非常严肃，把我吓了一跳，以为自己的工作出了什么岔子。不承想，他开口却是请求，请求我以后经过他办公室门口的时候，做到脚步不急不缓、不重不轻。原来，我有时候跑着过去，他担心是否交给我的工作太多了；有时候沉重地走过，他又担心作为领导是否令下属的压力太大了；有时候轻快地走过，他又质疑自己安排工作是否合理了……如此之下，我的脚步给他增添了不少烦恼，有时甚至害怕我从他办公室门口经过。

领导的话让我羞愧不已，我没想到，无意中，我把自己的情绪附加于他。其实很多时候，我的脚步根本就与工作情绪无关。我郑重地向领导道歉，从此理性地迈好自己的步伐。

仔细想想，不管在生活中还是工作中，虽说每个人都有权利表达自己的喜怒哀乐，但为了你我他的身心健康，在理性地管好自己情绪的同时，也应该勇敢地拒绝二手情绪。

毕竟，生活那么忙，你的情绪给谁看呢？

与三观不同之人为友

故事还要从上一辈说起。

我妈在少女时代里，有个特别好的朋友叫素珍。

两个人的思想观念截然相反，妈妈属于典型保守派，上课听讲做功课，都是循规蹈矩按部就班，平日出了课堂，就是在家宅着。

素珍就不一样了，她热情、好动，做事情不按常理出牌，别的姑娘在家里绣花煮食，她却喜欢跑到隔壁村子里找方圆百里唯一懂英语的老师，问些奇奇怪怪的问题。

女孩子爱学习，本来在旧社会里就得不到大多数人的支持和理解，何况是在一个“十八线”的封闭村落里。素珍的种种行为，导致她成为大家眼里的怪异少女。

她自己做的低胸雪纺裙子，是其他姑娘只在报纸上看到的洋装款式。她枕头下藏着的诗集信笺，徐志摩笔下营造的爱情，有着和实际环境不同的韵味。她常常拉着我妈在菜园子里无所顾忌地大笑，有时说南瓜叫pumpkin，有时说西红柿并不是我们的本土食物，明朝时才传入中国。

“对了，你知道西红柿的花语是什么吗？”

“西红柿还有花语？”

我妈只知道传统意义上，玫瑰有花语，向日葵有花语，却从来没有注意过院子里的西红柿会开花，更加想象不出西红柿竟然也有花语。

素珍露出一贯狡黠的笑容，“西红柿的花语是‘敢于尝试’，虽看似普通，却富有勇气。我呀，要过和西红柿一样平凡但不庸俗的人生。”

大概就是从那个时候起，我妈意识到，自己面前的这个姑娘和周围其他朋友都不一样。她的人生观里，有诗，有月，有温柔的远方，有眼前的稻田，有叽里咕噜但听起来脆耳愉悦的怪语言，有用想象力织出的花花世界，有用创造力装扮出的梦幻房间，但唯独没有去规划所谓正常人该有的结婚生子。

这样的观点，是当时大家谁都无法容忍的。

“一个姑娘家，到了年纪还不嫁人，读那么多书干吗？”面对周围这样的言辞，素珍只是笑而不语，一直用自己的默默努力证明着，每个人都有权利选择什么才是自己想要的生活。

这个过程中，我妈多次被身边人劝告“不要和这样不着边际的人做朋友”，虽然她也未必能够对素珍的观点感同身受，但还是做到了以客观者的态度，以好朋友的身份，站在她身后，努力理解并尝试从对方身上学习那些美好的特质。

多年以后，素珍考上外省大学，继而考研、读博，最终漂洋过海去了村民们只在电视里看到过的美国，过程中始终和我妈保持着联系。

而这个听起来和我完全无关的故事，却成了我成长过程中影响至深的一个环节。至今我仍感谢这个与我素未谋面的素珍阿姨。

青春期里的我，有着和她一样“不靠谱”的想法，整日读着别人眼里玩物丧志的闲书，写着别人口中无病呻吟的文章，常常在数学练习册下暗自构思着自己的小说世界。夸张的时候，放寒假我一个人呆在屋子里连续七天没出门，跟随人物的命运，踏遍江南梅雨，峨嵋大雾，如痴如癫地沉醉在那个奇妙的世界。

那个时候在升高三，正是学习最紧张的状态。

我和妈妈因为这个事情，吵过很多次架，每次都弄得全家人鸡飞狗跳无言以对。

可突然有一天，她来和我说，决定开始支持我做自己喜欢的事情，写文章可以，前提是注意分寸，不能过于影响正常生活，以后也别在课堂上挂羊头卖狗肉地偷写了。甚至，还主动跑去书店里买来很多我之前看中又舍不得买的书。

原因竟然是素珍从美国回来探亲，和她约了一顿饭。

席间谈到文化差异背景下的教育问题，美国孩子的自主性和中国孩子的被动性，和家长的包容度有着密切联系。

如果你无法引导孩子去尝试做自己真正喜欢的事情，那她的潜力和效率，一定跟不上她的创意和成绩。所以，现在有时候家长想把孩子送出国，想必也有这种考虑吧。

每个人的人生都会经历看山是山、看山不是山、看山还是山这样的三个阶段，总要经历世事，才能回归初心。

从我妈和素珍的交往中，我看到，多元和差异带给人性平衡的诸多重要性。

爱默生说，每个个体都与别的个体关联，没有孤立的美，没有孤立的善。从两千年前的百家争鸣，到如今的互联网创业大潮，这个世界，始终在变化不断的形态下为我们呈现出事物多维度下的真实面貌。

一个朋友，是某电影公司的CEO。公司入职的每一位员工都要经过他自己的面试，面试标准不像是现在网络上热传的标准“只要‘90后’”，他是喜欢和年轻人交流，并相信年轻人所带来的饱满创意，但同时也特别惧怕在所谓“90后”这个整齐划一的标签下，年轻人的思维模式太同步。带团队，就像武侠小说里的排兵布阵，前锋将军和后方运送粮草的战士都需要，不同位置，应有不同优长。

同质化——是我们这代人，目前遇到的很大问题。

我们从小就懂得要和志同道合的人做朋友，同仇敌忾，快意江湖，生活起来必然是如鱼得水。

但正因为三观太合，太过于相像，造成的现状是，我们看到的问题和看不到的问题都一样，喜欢或讨厌，都有走向偏执的预感。你认为好的，我也认为好。你认为错的，我也认为错。大家是彼此人生里添油加醋的那瓶油，却无法成为对方摘下锦上添花的那枝花。

适当去接触些和自己三观不同的人，对我们来说，切身有益。

这样说，并不是鼓动大家去无条件接纳其他人的观点，我们只要做到，尊重别人有不一样的生活方式。

如果你愿意，可以去尝试理解。如果你不愿意，也要允许它的存在。

与灵魂相近的人在一起，你能在他的眼睛里看见自己。

与灵魂相别的人在一起，你能在他的眼睛里看见众生。

在和自己三观不同的人身上，修习更多慈悲。无论是主流化还是边缘化，都是共同组成这个社会的原体。没有主流的随遇而安，就无法突出边缘化的诱人个性。没有经历过边缘化的离经叛道，你就不知道自己会不会更喜欢主流的安稳平常。

生而为人，我们都走在临界的路线上，谁都无法完全出世，也无法完全入世。

如果文青向商人学习理性布局，或许创业起来更容易；

如果作家向律师学习逻辑推理，或许写出的故事更动人；

如果我们每个人都试着去多倾听一些对事物不同角度的想法，或许网络上的喷子们就会减少大半。

心理学上的“水平思考法”，讲的是将问题和与问题本身毫无瓜葛的事联系起来，一个新的想法就会诞生——试着去和三观不同的人做朋友，倒也不失为我们寻找灵感、认识世界的新方式。

每个人的心中，都住着一位苦行僧

高中时，《西游记》作为家里唯一一本“藏书”，被我看了不知多少遍；而莫名其妙的是，我最念念不忘的人是沙和尚。

本来我以为会是大师兄孙悟空的。那个足蹬齐云履、头戴紫金冠、手持如意金箍棒、通晓七十二般变化、大闹天宫、护送唐僧师徒西天取经的齐天大圣，可是在那个光怪陆离的西天取经途中，最终留守在我心里的，竟是那个寂寞的沙和尚。

大师兄牵着的高头大马上，坐着面如冠玉的英俊僧人唐三藏，大师兄时不时地给师傅指指路、化化缘、打打妖怪；中间懒散地行着似醒非醒的二师兄猪悟能，有时候大师兄玩心渐起就跟他说两句玩笑话，举着棒子耙子来回追逐打闹一阵儿；只有他沙和尚，总是挑着担，沉默寡言，走在最后面，不喊渴、不喊累、不闹情绪、不提散伙，没有赞赏、没有责骂，有妖怪来就打，打不过就被抓，被抓了就等着大师兄来救，救出来继续挑起担上路。

后来我想，也许那个时候我也正这样平庸寂寞吧，经历过一些生活的动荡，变得沉默寡言，收敛了锋芒，温和与人，不争不抢，不声不响。

我没有不用听讲不用写作业依然考第一第二的本事，也不是飞扬跳脱到处惹是生非的所谓“坏学生”，三年的评语也仅止于老师笔下“勤奋踏实、刻苦好学”几个字；我不是班长或什么委员，没在全班面前唱过歌甚至是大声说过话，我只是那个做值日时默默拿着扫帚抹布扫地擦黑板的人；我没有出现思想品德课本里说的青春叛逆期，没离家出走，没讲究穿衣打扮，没有早恋或者沉迷游戏，我是那个穿了六年校服以至于毕业时候穿着牛仔裤都没有同学认得的人。我是如此隐忍而克制，静默而平凡，就像这个人前欢笑人后独坐的沙和尚。

我多像、你多像、我们都多像这个寂寞的沙僧。似乎每个平庸的中等生，心里都住着一个沙僧。14年的取经路上，看着别人金蝉转世，看着别人大闹天宫，看着别人坐享其成，看着别人波澜壮阔、风云际会占据了整个故事的三分之二，而你始终是那个老实的、不言不语的沙和尚。

有时候也会抱怨，觉得不公，毕竟你不是佛祖的徒弟，没有翻天覆地的本事，天庭里没有“关系”，背后更没有强大的家族，连那些个妖怪好歹也是某个菩萨的坐骑。即使是哪一天取经散了伙，师傅自不用管，西天净土的一帮佛祖菩萨不会让他受苦；大师兄可以回花果山做他的山大王；二师兄早就想回高老庄当回炉女婿；那个跟你交流最多的小白龙也可以一走了之，回家投靠龙族的亲戚朋友。可是你呢？你还能回到天庭吗？你还愿意回去做卷帘大将吗？你要回到流沙河去做一个“十分凶丑”的妖怪吗？

我猜你一定不甘心吧，毕竟如果取经成功了你还可以做个金身罗汉，虽说是师兄弟里职称最低的，可好歹强过伴君如伴虎的卷帘大将。你来这西天的路上走一遭不就是为了混个出人头地吗？没人提携没有关系没有背景，但不想没有未来，所以你才更要向前走。

向前走。看，多像挤在高峰地铁不甘被生活抛弃的你我。沙和尚，你知道的，即使是走很远，走很久，有些东西你永远也得不到、比不上，就像大师兄的一个跟头十万八千里，就像二师兄永远比你多出十八般变化；但沙和尚，你也知道的，有些东西他们永远也做不到，就像这十万八千里，只有你才是一步一个脚印走过来。不幸你是沙僧，庆幸你是沙僧，这西游的十万八千里、九九八十一难，记下的是他们的精彩，修炼的却是你的苦行。

我们赞叹着孙悟空的勇敢，咀嚼着猪八戒的小聪明，感喟着唐三藏的善良，却在心里留守住了沙和尚的寂寞。这世上总有大圣、总有元帅、总有佛子、总有菩萨、总有妖魔鬼怪，而我们都是寂寞的苦行僧。这一路上，你寂寞吗，沙和尚？你说：“且自换肩磨担，终须有日成功也。”你说：“宁死也要往西天去，决不干此欺心之事。”

你的生活智慧是什么

一个朋友今年年底毕业，面临择业。其实择业不是问题，朋友纠结的问题是地域——留在香港还是回到北京。

她一开始没有特别的想法，两个城市都挺喜欢。只是最近跟家人、朋友说起来这件事，每个人都给出一堆建议，有人分析利弊，有人直接一边倒……朋友快疯了。

朋友从小是乖乖女，家里人喜欢帮她做决定。只是这一次，连父母的意见都不一致，各执一词。朋友跟我一样，也是天秤座，面临选择的时候纠结得要死。朋友问我，听谁的？

其实香港和北京各有利弊，大家看到的点都差不多。只不过每个人的认知不同，凭借自己的判断把某一方面放大了，于是利弊就不平衡了。

给出强烈建议的人，也都是对朋友很了解，而且在乎朋友以后过得好不好的人。他们用自己的生活智慧做出了“最佳”判断。只是，人和人毕竟不同，他们不能体会朋友心底的渴望和恐惧，他们的种种分析，都无法抹杀朋友自己心底里的声音。

朋友问我，如果是你，你怎么选？我不知道怎么选，我只知道在我面临选择的时候，从来没有什么得不偿失，利大于弊，因为心里在乎的那个点，可以撬动所有的一切。利弊得失，谁算得清楚呢？而且，我相信就算选了一条路没走通，也没关系，换一条就是了。没有任何一个选择可以成为一辈子的保障。朋友说，你的生活智慧总是一套一套的。

我只是拿自己的生活感悟来指导生活，这是我的幸福公式。每个人都会有自己的公式，解救很多大大小小的问题。即使说不出来具体是什么，但是每个人都能听到自己心底的声音，做什么样的选择，成为什么样的人。

人心里都有一套价值判断体系和指导法则，只是有些方面不那么明确而已。碰到新问题时，因为自己的标准没有涉及，就习惯性地去借鉴别人的标准，当与别人的标准互相矛盾的时候，自己就没有判断力了。

一个同学给我讲，他们学校有两个元老级的人物。在同一个系里30几年，他们彼此看不惯，但两个人“巧妙”地避开了所有尴尬的场合。这两位教授，一个崇尚自由，一个崇尚克制。

一个生活潇洒，抽烟、喝酒、熬夜，从来没什么固定的作息时间表。他是滑翔伞的骨灰级玩家，经常有人慕名来拜师学艺。工作状态非常好，精神状态也非常好，最近十年看上去没有一点变老的痕迹。

据同学分析，虽然他各种“摧残”自己，但他实在是过得太快乐了，该经历的都经历了，想做的都做了。心情愉快，当然身心健康了。

另一个生活极其规律，每天早上5点起床，健身，吃早餐，然后开始一天的工作。几十年保持着规律的生活作息。精确到几点回家，几点躺下来，甚至上午10点一杯牛奶，下午4点一根香蕉都没有中断过。他平时喜欢书法，去年还办了个人书法展。工作状态很好，精神状态很好，看上去比实际年龄年轻十几岁。

两个人都是喜欢分享生活智慧的人，给同学们上课期间总是穿插着说说怎样生活才是有意义的人生。讲完之后，看同学们笑而不语，二人都会半开玩笑式地说：“XX老师跟你说，要作息规律！想什么时候睡就什么时候睡，是不是？别听他胡说八道！看他活成那样子！”同学傻了，谁活得更好？

两个我尊敬的建筑师前辈，他们的作品都得到业内的认可，也是谁都看不惯谁。一个画草图天马行空，只有自己看得懂是什么。他的工作方式是先让大家一轮一轮头脑风暴，只要概念精彩，体块虚实把握到位，细节都不是事。

另一个勾勒的草图都是整整齐齐的，连构图都一丝不苟。每一轮方案推敲，他都要直接把细节做到位，甚至立面的划分，窗台的颜色，“没有细节就没有整体”。

两个人都喜欢给年轻建筑师分享经验，把自己的心得体会讲给大家。多年来，他们的工作方法自成体系，各自讲给同一拨儿年轻人，自圆其说，无懈可击。年轻的建筑师们傻了，谁说的对？

其实，生活中从来没有一个标准的公式来判断对错是非。很多事情，没有对错，也没有更好，只有适合不适合。真正的标准，在每个人心里。静下心来，给自己一段时间，慢慢地心底的判断标准就会清晰明朗。

比如自由还是克制的生活状态，你自己心里面肯定知道哪一种会让你更兴奋。如果你不像前面提到的两位教授那么极端，按自己最乐意接受的状态生活，也没什么不好。

比如做方案的模式，每一个建筑师肯定都有自己的倾向，只是没有那么极致。其实也不用像他们那么极致，中和一下也不失为一种好的尝试。

别人的生活，没有好和更好之分。他们笃定的生活哲学，也许适合你，也许不适合。就像每把锁都有一把钥匙，能对号入座才是最好的生活哲学。况且，把别人的生活智慧挪用到自己的身上，如果不是你想要的，又有什么意义，人要贴近自己的天性去生活。

信息化时代，我们每天接收到各种各样的指教，不能听到什么就全盘接受。要选择性地吸收，构建自己的认知和判断体系，推演出适合自己的那个幸福“公式”。在随后的岁月里，反复求证和完善，不同于旁人又自成体系。

要明白，人人生而不同。每个人都应该有自己的一套生活智慧，不盲从，不偏激，不虚伪，不妄自菲薄。然后，用它来指导眼前的生活，对自己的内心真诚，才是靠近幸福的捷径。

热气腾腾地活着

人们常常羡慕功成名就、百事百顺的人，认为只有这些得到生活回报的人才对生活充满感激、充满信心和激情。其实，真正懂得生活，对生活充满爱意的人，是那些对生活没有过多奢求而认认真真生活的人，是那些把生活本身当作幸福的人。

试着理解尼采的这句话：生活的收获是生活。热爱生活的人，生活也爱他。

我很喜欢别人跟我说，这个真好听，这个真好看，这个地方值得你请假去一趟……

一位朋友突然在吃饭时大叫一声："老板呢？"把服务员吓得够呛，以为发生了什么事，朋友激动地站起来说："这碗这么漂亮，哪儿买的，能不能卖给我？"原来是看上这只碗了，她不过是认同老板的品位而已。老板自然是出现了，淡淡地说："我收集的，我好这一口，还有一只，喜欢就送你吧。"

一个热气腾腾的灵魂遇到另一个热气腾腾的灵魂。

一个爱书的人，提到他某天买到一款蜡烛，很激动地请了几个朋友来家里吃饭，只因为这个蜡烛名字叫"图书馆"：潮湿、油墨味、雨天、木屑……他要分享这图书馆的味道。

友人前不久在国外参加了一个54岁男士的毕业音乐会。这个男人小时候的梦想是当个音乐家，但是由于各种原因，后来学了飞机修理专业，当了一辈子高级修理工程师，自称高级工人。50岁他光荣退休，接下来干什么？实现梦想啊。正儿八经报名去大学音乐系学作曲，跟小朋友们一起上了四年大学，54岁毕业，自己作词、作曲、演奏，钢琴、小提琴、竖琴样样都来，邀请亲朋好友来参加他的音乐会，这是一场多么感人的音乐会啊，友人说感受到了一种力量，热气腾腾的力量。人家50岁才开始呢。倒是很多年轻人认为梦想是空话白话，也可以说根本就没有梦想。

一个来国内旅行的美国大学生说，他很不喜欢一些中国大学生，因为他们无趣，除了房子车子不会聊别的。友人说起来很感慨，美国大学是没有年龄限制的，你经常可以看到50岁的老人与18岁的年轻人同班学习，互不干扰，互相帮助。她说有一天，她看到自习室里有一位头发花白的老绅士在认真地看书，前前后后坐的都是年轻人，那情形真是一道风景。

国外的年轻人都会有毕业旅行，意在寻找自己的梦想，这个过程父母是可以资助的。她的一个朋友就资助孩子去墨西哥旅行，而她的孩子真的在那里找到了自己的梦想——一个美丽能干的墨西哥姑娘。他租了一段海岸线（那里的海岸线是可以承包的，你可以使用，但有维护的义务），并承包了海岸线后的一片山林，在海边盖了自己的梦想小屋，凭自己的劳动在南美生活下去。他的母亲不但没有反对，反而很高兴：瞧，他终于实现了他的梦想，他一直梦想自己有一个海边的小木屋，屋里有个长发姑娘。瞧，他热气腾腾地活着，真好。

善行，带来意外的收获

美国文学家亨利・戴维・梭罗曾经说过这么一句话：善心是从不失败的投资。善行像种子，总有发芽的一天。

有一户农家养了一对金鱼，农家夫妇、孩子都非常喜欢那两只金鱼。一家人在景色优美的农场中，过着无忧无虑的日子。

但好景不长，这个国家发生了战争，眼看敌军愈打愈近，不逃到别的地方避难不行了！这家人虽然百般不舍，但仍匆匆收拾家当，跳上马车。

一家人已经离开家一段不小的距离，小男孩却突然说："糟了！我们忘了那两只金鱼！"

爸爸、妈妈听小男孩这么一说，都面面相觑。

父亲犹豫地说："可是……现在已经没有时间再折回去了。"

"金鱼也是我们的家人，我们不能不管它们啊！"小男孩焦急地说。

母亲也附和，"是啊！我们什么时候能回家，还是个未知数。万一鱼缸里的水干了，那可就糟了！"

"好吧！"父亲想了一会儿，将马车掉头，决定回家救那两只金鱼。

远处已经传来“隆隆”的炮火声，一家人小心翼翼，将两只金鱼放到住家后院的水塘里，小男孩轻轻对它们说了一声“保重”，一家人才连忙离开农场。

战争持续了一年才结束。这家人终于可以回到让他们朝思暮想的故乡。

但是，真正回到了家，他们却都愣住了——过去苍翠的田野、蓊郁的森林都不见了，只有被炮火侵袭过的一片荒芜，他们的房子也坏了大半。

一家人合力修好房子，却忍不住发愁起来：房子虽然修好了，但是田地都被战火烧毁了，想要恢复，必须花上好长一段时间，一家人该怎么生活呢？

就在此时，小男孩突然发现，池塘里有好多亮晶晶的小光点。靠近一看，这才发现池塘里竟然有好多好多金鱼，都是最初那一对金鱼的后代！

于是，这家人就靠着把金鱼卖到城市里，度过了这次的危机。

还听过这样一个故事：

有一个台湾商人，跟中东几个国家的客户有生意上的往来。

他有一个伊拉克的客户，彼此只做过一两次生意，并不是很熟悉，而且他一直觉得这个客户有点挑剔、小气，对他的印象不是很好。

后来，伊拉克爆发战争，这个男子突然辗转接到一封信，是他的伊拉克客户写来的。

原来，这个伊拉克人，有一个儿子在美国念书，但现在伊拉克对外的汇款业务已经完全中断，眼看他儿子就要断炊。

而这个伊拉克人想了老半天，都想不到他在海外有什么朋友，除了这个台湾商人。

于是，他只好写信，拜托这个台湾商人跟他儿子联系，请他先借学费、生活费给他儿子。

台湾人有点犹豫。但他一想到，远在伊拉克的父亲是多么焦急，在美国的儿子又是多么无助，于是心一横，到银行转账给对方，心想，如果对方不愿意还钱，那就自认倒霉吧！

时间一久，他也几乎忘了这件事。

有一天，他突然接到一个电话，是那个伊拉克人打来的。

他在电话中表达了千千万万个感谢，不但把钱全数归还，还另外下了一笔巨额的订单！

从此，两个人也成为好朋友。

美好的善行，往往就像一颗种子，总是在我们遗忘的时候，悄悄地茁壮成长。因此，不要小看自己任何随手之劳的善举！

美好的善行，时常能给我们带来意想不到的回报；就算没有得到任何回报，也能带给我们心灵上的满足，而这种满足，是再多钱也买不到的幸福滋味。

我觉得，善良是天生的

前阵子我看《奇葩说》的时候，有个女孩叫董婧，她是一档民生新闻调解节目的记者。她挑选到的辩题是“恶劣天气点外卖，我是不是有罪”，她选择的观点是“我有罪”。

她用自己的新闻采访经历开始了这个理论。

她说自己曾经做过一个工厂调解的案子，一个外卖员在送外卖的时候不慎滑倒，正好头磕在了路边，颅内出血，当时就被送到了ICU。外卖员就职的那家小饭馆因为是个门面很小的店，饭店老板说，哪怕把自己家的饭店都卖了也赔不起这个医药费。最后的结果很无奈。但是在节目结尾时，她把这个外卖员的银行卡号打在了屏幕上，希望社会上的好心人能够给他捐款。

而凑巧的是，那天向民生节目爆料这一则新闻的人，就是点外卖的这位顾客。事后董婧去问他，为什么要打电视台的电话，为什么愿意冒着要上电视的风险？

这位顾客回答说，我也不知道为什么，我只是在想，如果那天我没有点这个外卖的话，他是不是就不会摔倒了，我就是有一种负罪感。

董婧的立论阐述里说，负罪感这个东西，我觉得就是这个辩题真正在讨论的东西。所谓有罪，并不是宪章法典上的条文，而是我们每个人内心的心理感受。

“当我承认我有罪的时候，会激发我内心的善意。”对于“恶劣天气点外卖，我是不是有罪”这个辩题的分析，这是迄今为止最让我感动，并且在理性思维上也足够说服我自己的一个答案。

在我的思考逻辑里，我们因为偷懒不想出门，于是花了钱让外卖员替自己承受风吹日晒雨淋以及舟车劳顿的辛苦。虽然说我们花了钱，这是一档正当的你情我愿的买卖，但是如果我们愿意拥有同情心以及同理心，那么负罪感必然不会因为我出了钱而就会减轻。

善良从来都是一种选择，而且一旦你选择了这一种对待方式，也就不应该刻意期待这份善良日后一定会给你什么回报，否则这份一开始的善良也就来得不那么纯正了。

知乎上有一个很热门的话题，叫作“人为什么要善良”。最高票的那个答案我很喜欢，其中一句说的是，“我觉得善良是天生的，它跟你读过多少书、受过多少教育没有关系，它不是别人制定的道德约束，是内心自然而然产生的一种对全世界温柔的心情”。

如果这个问题让我来回答，我的答案也是这样的。

用一颗坦然的心，面对风浪

中国人有一句话：难得糊涂。生活中有很多事情，计较起来并不是最好的选择，不如坦然面对，前路便是坦途。

电视剧中经常会出现这样的桥段：男A与男B是好兄弟，他们同时喜欢上女C，然后就有好戏看了。

很多人说，那只是演戏，又不是真的，他们似乎能准确分辨游戏和人生。可是戏剧来源于生活，取材于生活，这种情景并非只是凭空杜撰，说不定有时候你也正是局中之人。

关于爱情，总是最富哲学思维的一门课，纠缠不休这样的无赖行径在爱情中是大忌。

爱与不爱，都是自然天成的事情。情投意合该是多大的缘分，即使错过也是很正常的事，放手也是洒脱，是坦然。强扭的瓜不如不吃，嫉妒作祟，不甘被放大，爱情会变成一锅滚烫的浑水，没有了本身的纯洁和崇高，爱情便失去了尊贵的灵魂。

得不到是悲剧爱情的一种表现形式，关于悲剧，还有另外一种更加与道德背离的形式，合而又分。英剧《福特斯医生》中女主面对出轨的丈夫几近疯狂，工作搞砸生活也变得混乱无序，她用尽一切计谋想要报复丈夫，却越陷越深越来越痛苦，有时候真正的痛苦的确会毁掉一个人，或者毁掉他的人生。真正的痛苦不是失去某样东西，而是失去之后处心积虑的忐忑。

幸而女主最终厘清所有的曲折，悬崖勒马，在一位老人的身上学会了坦然，面向大海，她依然优秀且动人。

不管是好聚好散，还是外遇掺和的离散，现在社会中已是家常便饭，不足为鲜。有些人分个手就哭天喊地，其实这是他们自己贬低了自己的爱情，卑微到尘埃里并不是爱情唯一的状态，而我更向往站成比肩的橡树。即便寂寞，也要风华绝代！如汪国真的一首诗中所言："一个人也可以蓬勃，而不是干枯。"在爱情中毒药千万种，唯独坦然的态度才是上好的解药。

当然，不只爱情，生活中酸甜苦辣悲喜无法预料，死缠烂打非良计，复仇是狠角色，却不一定是最好的角色，只有坦然才是你毕生的底气。

一直向往弘一法师手书的"君子之交，其淡如水。执象而求，咫尺千里。问余何适，廓尔忘言。华枝春满，天心月圆"，总感觉那是关于为人处世的一种大智慧，淡，也即坦然。君子之所以为君子，便也是为人淡然，遇事安然，处事坦然。跟君子相交固然可喜，但做一个真君子更加重要。以足够的心性去结交君子，才能建立细水长流的友情。世事沧海桑田，刻意追着一两点深究不放并非严谨细致，太过较劲反而会使事情变得越发糟糕。

曾听说友情中有种不安分的嫉妒会胜于爱情，三个人之间难以有比金坚的情谊。友情溃于流言，在某一程度上，友情与爱情是相似的，情感的区分本来就是无稽之谈，斤斤计较中任何感情都抵不过矛盾的挤压，刨根问底地翻天覆地太过莽撞，这样的情况下往往是感性神经攥着了杀生大权。

泼妇行径不光是风化问题，从另一角度而言，也是不够坦然的狭隘心胸的现实体现。辩论是攻击对方的逻辑漏洞，吵架是世俗化的辩论方式，巧舌如簧或者伶牙俐齿、诡计多端，都不如一句“难得糊涂”！很多时候，睁一只眼闭一只眼便能圆滑地躲过一劫两劫，并能维持双方脸面，微笑过渡也不失为一种智者策略。我们怕活得不够明白，却没有深究过“坦然”的意义。

糊涂如糨糊，清水也是一种坦然。初中时候的老师一直强调做人要做水一样的人，能避万难，也能笑对万难。不必“清水出芙蓉”却也要“濯清涟而不妖”，不必妖冶也不必贪恋，人生路上的名利得失，需要一颗强大的内心，来囊括所有的不安。急功近利或懒惰猜疑都不可取，平常心是你心上的珠宝。

前段时间很热的宫斗剧，比如《琅琊榜》《芈月传》等等，其中的计谋较量吸引了很多人的眼球，其实要说这类宫斗剧之所以大热，从另一种角度来说，也是因为他们不够坦然，欲望太多，放不下的东西太多，才会有好戏让别人看。宫斗剧卖的就是这样的不淡定，来给那些更加不淡定的人做下酒菜。影视剧是一回事，如果剧里每个人都能活得坦然，也就没热闹可看也就不卖座了。但人活在世上，还是不要让别人把自己当戏看才好。

人与人之间争斗计较都是浮云，其实影视剧中很多人中意的佩服的并不一定是最后的霸主，而是里面真正处于局势之外看清一切的明白人，而这个明白人，往往就是活得最坦然、最有平常心的那个人。

一颗平常心，便是无论床前明月清霜，还是坡上摧枯拉朽的红杜鹃，转身之间冷或暖，都能波澜不惊沉着稳定。得势时守住本心，初心刻骨，失势时蓄势东山，青山依旧。很少人能够真正做到清心寡欲，这需要一定的历练，或许要用尽一生的时间，等到风景都看透，才能笑对人生雨雪风霜。

当然，对年轻人来说，花样年华如火如荼，本就没有必要做到绝对的清心寡欲，心如止水，能够坦然便已有了人生的底气。坦然，不是束手无策时候的妥协，也不是与世无争的出尘心态，而是一种聪明的态度，是心灵深处真正的豁达。

你花光所有力气，都不如坦然以对来得有底气。这里并非强调每个人都要梅妻鹤子，山水为邻，而是在传递一种做人的态度——活得豁达。如果每个人都能坦然处世，想必这世界便会多一份静雅，少一些纷扰。这样的人生，才是优质人生。

《同谋》中有句话：“年岁待人无常亦宽厚，哀矜则喜。”我想人生中无论何种艰难险阻，何种大灾大难，只要有一颗坦然的心，风浪总会过去，结局终归欢喜。

与快相比，我们更需要慢

不可否认，这是个求快的世界。

最新上映的漫威电影《X战警·天启》中，快银又一次用一首歌的时间证明了自己，超速的救人场面再次俘获无数观众的心。

速度，是快银的绝对标识，可以想象，如果快银不是一个阿宅的话，在现实生活中会多么受欢迎：父母会喜欢能够学得快、玩得快的孩子，老师喜欢领悟快、写作业快的学生，老板喜欢做事麻利的员工……

没人喜欢慢。

1

从小到大，父母经常挂在嘴边的话就是，“你快点长大，等你读完大学毕业找到了工作，我们就解放了。”

后来真的毕业了，他们又催着我找工作。后来在家乡做了个公务员，他们觉得我老大不小该娶老婆了，安排相亲。于是转眼间，我已经是一个两岁孩子的父亲了。我觉得我的生活像是被拉了快进键，流水线生产的流程被看得一清二楚。

我很害怕这样的生活继续快进下去，如果能够重新来过，我宁可慢一点，想清楚自己真正想做的事情，找一个自己喜欢的工作，在情感上碰碰运气，追一个十分喜欢的姑娘。

我渴望慢下来。

2

家里的表弟大学快毕业的那一年，拉着两个同学回来，说要一起创业。据说，在风驰电掣地决定创业之后，三个人在校招最火热的9月和3月一直窝在家里，商量应该做什么，白天一起打游戏，美其名曰找灵感，晚上你一言我一语地说着豪言壮语，好像他们想做的，马上就能做成一样。

他们就这样迅速地决定了“创业”，不禁让我想到那些同样快速诞生的互联网公司：他们急着复制粘贴、卖产品赚钱，没有人去打造创新型的产品；他们瞄准媒体上什么热去做什么，没有人去考虑社会人群的真正需求；他们盘算着趁早快速复制形成规模，却没想到如果巨头来了自己再大的规模也依然会显得渺小……

“快”是年轻人给自己的借口，“快”是一些公司赚钱的捷径。

我渴望他们慢下来。

3

如果环顾我们的身边，手机、电脑、平板、阅读器、游戏主机……这些常见的电子设备，快速迭代都已经变成了它们的骄傲，仿佛能看到这些生产商在背后偷笑。在创业显得如此“容易”的当下，太多的公司不顾正常生产周期快速生产产品，加速产品迭代，只在无关痛痒的地方改进，毫无创新。

但是，这是我们想要的“快”吗？

不。

人常说，站在风口上，猪都能飞起来，言外之意是，谁都希望能够快速实现利益变现。可风向是会变的，风也是会停的，如果只是盲目求快，借着东风的势头，最后很可能只是“过把瘾”。

我常告诉自己，要慢下来。慢下来思考，才有可能想清楚自己的目标，有了目标，一步一步脚踏实地地去完成，才有可能实现目标，甚至超越目标。想法来得越快，越要告诉自己慢下来，想要做大事的人，就一定要有用“慢”去对抗“快”的勇气，抵制诱惑。

4

在听了一个CEO的演说之后，我更确定了这一点。

最近看了一期《华商启示录》，在这期中，掌阅科技CEO成湘均玩笑般地把自己戏称为“骡子成”，他认为慢吞吞的骡子，其倔强和踏实正是现在互联网时代创业的稀缺精神。谈到创业的时候，成湘均说，虽然他被同事调侃是“骡子成”，但执着和坚持的骡子精神却让他在掌阅创业的过程中受益不少。

毕业就想创业的年轻人，最需要追求的，恰恰是这一份“慢”。

成湘均举了个例子，他一开始打算做阅读器产品，本来业内两至三个月或者半年就要推出的产品，他打磨钻研了两年多，直到自己所列的所有产品顽疾都被解开。成湘均的慢，体现的是他拒绝“走捷径”，拒绝绕开本质问题，看似炼的是物，其实修的是人的内在。

“认为如果创业者能多一点耐心，在坚持的事情上能多一点倔强，在重要的环节能深入突破，走得更慢一些，恰恰会建立起创业的优势。”这句话我记了下来，发给了创业中的表弟。

5

慢，正在成为稀缺却有效的品格。在去年大热的日剧《民王》当中，日本首相武藤泰山和他儿子武藤翔互换了“灵魂”，性子慢吞吞的武藤翔平时并不能讨得父亲的欢心，但他对人的坦诚和做事的诚意打动了其他国家的领导人，最终出色地完成了外交任务。

在很多聪明人眼中蠢蠢的“慢”，反而是实践当中最“快”的方法。

为什么“骡子成”能够把手机阅读软件做到了市场份额第一？恰恰是有勇气用“慢”去抵抗“快”。而这样的企业，其实也是俯拾皆是的：苹果从研发到推出iPhone手机用了三年多的时间；华为是最晚一个进入手机行业的，但却是卖得最好的……

6

当整个环境不好的时候，你有去改变环境的勇气，那么，你就创造了环境；当整个世界都在追求快的时候，你有用慢去抵抗快的勇气，那么，你就拥有了改变世界的力量。

我依然相信，快有快的开怀，慢也有慢的道理。

如果我能一直怀着一颗平常心，我愿意跑得更快，但如果我很容易因速度的加快而迷失自己，那么我还是更愿意慢慢来。

再好的种子，也需要浇灌

1

父亲做过这样一个实验：用两个空玻璃杯，分别装着一条活着的鱼，然后，把其中一个杯子放在桌上，另一个杯子放进水中，不过，不让水进入杯子，杯子里仍然没水。

杯子里两条离开水的鱼，哪一条会活得更久呢？实验结果表明，那一条放入水中的杯子里的鱼，其存活时间远远长于另一条。

为什么会是这样呢？父亲解释说，因为在水中的杯子里的鱼，杯子里虽然没水，但杯子里的鱼看到了水，看到了水就在眼前，看到了生命的希望就在眼前，是希望拯救了它，让它更长时间地存活了下来。

让离开水的鱼儿看到水，让绝望中的生命看到希望，这是对生命最好的拯救。父亲说。

2

一个冬日的夜晚，父亲把两杯水放在窗台上，一杯放在窗外，一杯放在窗内，中间只隔着一层玻璃。

第二天早上，父亲把窗台上的两杯水端给我看，放在窗外的那杯水结冰了，而放在窗内的却没有。父亲说：“同是一杯水，只不过一杯在屋内，一杯在屋外，最后产生的结果却迥然不同，一杯结冰，一杯却保持原样，这说明环境决定着事物的性质和发展。另外，两杯水之间，仅隔着一层薄薄的玻璃，而就是这层薄薄的玻璃，让两杯水产生了不同的结果，这说明命运往往就在细微的差别里。”

晚上，父亲又把两杯水放在窗台上，一杯放在窗外，一杯放在窗内，只不过放在窗外的那杯水，放进了两条小鱼。

第二天早上，父亲又把两杯水端给我看。结果，两杯水都没有结冰。这是为什么呢？父亲说：“因为窗外的水杯里有两条鱼，它们为了抵御冬天的寒冷，在杯里不停地游动，由于杯里的水不断地受到搅动，而致使水没有结冰。这说明虽然环境决定着事物的性质和发展，但生命不是在环境面前无所作为，鱼是如此，更何况人呢？”

3

一次，父亲给我两个杯子，里面装满了泥土。父亲要我把杯子放在窗台上，每天给它们浇水。两星期后，其中一个杯子的泥土里冒出了两片细细的嫩叶，我把这个消息告诉了父亲。

父亲问：你同时给两个杯子里的泥土浇水，同时为它们付出了辛劳和汗水，为什么一个杯子里长出了新叶，而另一个杯子里却什么也长不出来呢？那是因为我在其中一个杯子里埋入了一粒种子，另一个则没有。这粒种子就代表着生命的理想、信念和目标。所以，生命如果没有理想、信念和目标，就是付出再多的辛劳和汗水，生命也不会有收获。

后来，父亲又给我两个杯子，里面也装满了泥土。这次，父亲要我只给其中的一个杯子里浇水。两个星期后，那个浇水的杯子里冒出了新叶，而另一个没有浇水的杯子里却什么也没有长出来。

父亲又问：在这两个杯子里，我各埋入了一粒种子，为什么浇水的那个冒出了新叶，而没有浇水的那个却没有呢？那是因为，生命仅有理想、信念和目标是不够的，还要懂得为它付出，没有辛勤汗水的浇灌，就是再好的“种子”，再好的理想、信念和目标，也只是海市蜃楼、空中楼阁，永远成不了现实。

父亲教给我的关于这两个杯子的生命哲学，一路引导我的成长。

整理生活需要的不是耐心，而是决心

那是在我大一时，台北刚开始办国际影展没有多久，我有个学长买了电影票，但由于时间冲突，便问我要不要去看。我一看片名是《傻瓜入狱记》，心想应该是喜剧，于是接过电影票，开开心心去看免费电影了。

在高中之前，我并没有太多的机会看电影。对我来说，所谓好看的电影，大概仅止于《罗马假日》《乱世佳人》这类好莱坞影片。《傻瓜入狱记》是导演伍迪·艾伦早期自编自导的一部既自讽又质疑人生的作品。那天散场时，我坐在电影院里，震撼得简直不知道该说什么才好。我从来不知道电影可以有这么丰富、深刻的表达方式。我想尽办法去看我能找到的所有伍迪·艾伦执导的电影。在那之后，我又接触到了许多当代一流导演的电影。这些电影，为我开启了一个全新的世界。我渐渐变成一个标准的“影痴”。只要碰到假日，我总是排满一整天的观影之旅，一场赶着一场。

至于学校的那些通识课程，凭着一点小聪明，外加临时抱佛脚，总能平平顺顺地过关。到了二年级下学期，进入基础医学课程，功课压力渐渐变重。我陶醉在电影世界中浑然不觉，等接到期中考试成绩单时，看见上面许多在及格线边缘摆荡的分数，才发现大事不妙。

有个过去一起看电影，当时已经决心“戒掉电影”的学长对我说：“我劝你别再看电影了，要全心全意应付课业啊。万一将来要重修，会苦不堪言。你好好想想吧，别像我这样悔不当初。”

一边是“医师”的现实世界，一边是“电影”的想象世界，它们之间的冲突在我的内心越来越激烈。当时我谈了一段“被分手”的恋爱，经常情绪低落。情绪低落时，乏味的基础医学自然更念不下去了，只好搁下书本去看电影。随着光影里面的世界越迷人、越深刻，我就越感到光影外面的人生浅薄、无趣。这样想时，我越发无法专注于读书，无法专注于读书又逼得我去看电影，生活与情绪就这样变成了无法自拔的恶性循环……为了让自己不掉入这个恶性循环，不看电影又无法专注读书的时候，我就开始整理东西。有一天整理抽屉时，我忽然想通了一件事：与其把不要的东西一件一件从抽屉里挑出来，不如把所有的东西都倒出来，再把非要不可的东西放进去好了。

整理完了抽屉，我感到快意畅然。原来整理一个抽屉最需要的不是耐心，而是决心。我开始用同样的方法来审视自己的生活，问自己：如果生活也是个抽屉的话，什么才是非要不可的？我找出一张纸，在上面写上：1.吃饭、睡觉；2.读书、考试。

看着空荡荡的一张纸上面的几个字，我开始不可遏制地回顾过去的人生。回顾完之后，我有点悲哀地发现，如果要把我有限的20几年人生也做个简单总结的话，我所经历的人生，和这张几无内容的白纸，基本上是很接近的。一种自怨自艾的情绪，乌云似的聚拢过来。

我继而又想，这样的人生继续再过下去，我会得到什么呢？一个体面的工作？体面的车子、房子？然后呢？体面的女朋友，体面的婚礼，体面的妻子、儿子，外加体面的朋友，也许。然后呢？体面的老去，体面的死亡，体面的棺木、丧礼。然后呢？也许还会有体面的朋友在丧礼上致辞，说我是一个多么好的人。

就算我真的很幸运，这些都做到了，我的人生总结起来，跟这张空荡荡的白纸还是没有什么两样，不是吗？或许就因为那么一点点的不甘心吧，我在那张白纸上面，又写下了几个字。于是那张白纸上的文字变成了：1.吃饭、睡觉；2.读书、考试；3.电影。

就这样，我不但没有停止看电影，反而变本加厉地看电影。

当时，吃饭、睡觉是为了念书、准备考试。念书、准备考试，是为了有时间看电影。看电影，又是为了让自己心甘情愿地吃饭、睡觉，继续念书、准备考试，节省更多的时间看电影……

当时我每看过一部电影，就会在笔记本上简单地记录下电影的基本资料，以及自己的观影心得。经过了大三大四，我顺利地通过了基础医学的洗礼与考验。作为一个医学生，这本来就是分内事，没什么好多说的。但最令我惊讶的是，在那一两年中，我在笔记簿上算了算，每一年我都看了300多部电影。

从某个角度来说，电影打开了我的视野、丰富了我的思考、强化了我的叙事能力，如果不是这样的经验，我显然不可能拥有成为一个作家的基础和条件。但当时的我，并不知道那个选择对我所具有的意义。

当我疯狂地一年看三四百部电影时，我根本没想过，有一天我会变成一个作家，更不知道这样的兴趣会带来什么样的前（钱）途。不只我不知道，所有后来把兴趣发展成事业的人，在那个当下，都不可能看见前（钱）途到底在哪里。

对许多人来说，因为看不到，所以恐惧、犹豫。因为恐惧、犹豫，所以关于前（钱）途的这些现实的声音会变得巨大、嘈杂，也因为这样，你越来越不容易听见发自内心的那个隐晦而模糊的召唤。

而在那个当下，能带领你走到目的地的，只有内心那个隐晦而模糊的召唤。

这是你唯一的凭借与依靠，你得聆听它、相信它，紧紧跟随它。再也没有什么比相信自己更重要了。

最好的东西，不是幸运得来的

最好的东西，往往是意料之外，偶然得来的。有时候，拍照拍了一卷胶片，最后的一两张胶片，本来不打算拍的，为免于浪费，随便拍了两张。谁知道胶片冲出来以后，效果最好的就是最后拍的那两张。

拍照的时候，挑了一大堆精心搭配的衣服，顺便又带了一套衣服。谁知道照片拍出来之后，效果最好的不是精心挑选的那几套衣服，而是顺便带去的那一套。

你画了很多张画，眼看还有些颜料，你随便再画一张，最满意的竟是这一张。

你约了朋友在百货公司里面等，你比约定时间早到了一点，于是随便逛逛，谁知道在这短短的时间里，你找到了已找了一个多月的一款鞋子。

你把几组心爱的号码填在彩票上，填好之后，手上还有一些零钱，于是你胡乱填一张，谁知道中奖的就是这一张。

朋友不停地介绍男朋友给你，但是每一次，不是你不喜欢人家就是人家不喜欢你。今天晚上，朋友说将一个男孩子介绍给你，你本来想放弃，但反正有空，于是去看看。幸好你去了，他就是你要找的人。

不到最后一刻，千万别放弃。最后得到的好东西，不是幸运，有时候，必须有前面的苦心经营，才有后面的偶然相遇。

Part 5

你要应对的事，永远只有一件

你要记住，你永远只有一件事情需要解决，那件事就是『最要紧的事』，只要能做到这一点，再多的事情也不会干扰到你！

你要应对的事，永远只有一件

1863年，一个名叫阿道夫的德国年轻化学家在勒沃库森成立了一家小小的化工厂，但是公司的管理一直都乱糟糟的，连生存都成问题，根本谈不上什么发展。

整个工厂里30多名员工，全部由阿道夫一个人负责调配。但他只是化学家，而不是管理学家，所以他的工作部署经常错误百出。也正因如此，员工们的情绪很不稳，工作也心不在焉，有的人甚至一边上班还一边往别处投简历。太多的事情压在了阿道夫肩上，有时候他刚与应聘者洽谈，车间里又有事需要他了，他刚到车间里，业务员又有事要征询他的意见了，所以虽然阿道夫每天都忙得不可开交，但每天都毫无进展甚至毫无头绪，他因此而烦得焦头烂额。

有一天，阿道夫正在接待一个应聘者，可车间里要用到一些特别的工具，他只能提前结束面试，亲自跑到杂货店里去采购。那家杂货店的顾客特别多，只见老板有条不紊地做着生意，一点也不忙乱。等顾客们逐渐散去以后，阿道夫好奇地问那个老板："这么多人买东西，为什么你一点都没显得忙乱呢？"

"无论有多少顾客在我面前，我都只为最近的那一个顾客服务，他离开后，接着又会出现另一个离我最近的顾客，于是我接着又只为这一个顾客服务，也就是说，我的面前始终只有一个顾客而已，你说我还会忙乱吗？”老板笑着说。

“只为最近的那一个顾客服务？”阿道夫若有所思，无论自己有多少事情要做，只需要做好最紧迫的那件事就行了！

回到办公室后，阿道夫把自己正面临的所有事情都罗列了出来，他觉得当务之急就是把工厂的中层管理者安排到位，只有中层管理者到位了，公司的人事安排以及各项运行才能逐渐规范起来。想到这里，阿道夫撇下了所有事情，全身心地投入物色中层管理者的工作中。没几天，他就把各部门的经理和主任甚至是组长都安排到位了。这样一来，阿道夫马上就空闲下来了，他接着又从所有事情中找出最紧要的那一件去完成，先是规范操作程序，再是制定营销策略，接着又是去各地设立办事处……

就在这种“只做一件事”的智慧下，阿道夫的工厂一天天地走上了正轨，业绩也开始增长起来，工厂很快发展起来了。如今，这家小工厂已经成为世界最为知名的500强企业之一——德国拜耳公司！作为创始人的阿道夫，就是后来在1905年获得诺贝尔化学奖的阿道夫·冯·贝耶尔。晚年时的阿道夫曾在日记中这样写道：“你要记住，你永远只有一件事情需要解决，那件事就是‘最要紧的事’，只要能做到这一点，再多的事情也不会干扰到你！”

不努力，就不配拥有幸运

仁川亚运会上，科威特和马尔代夫之间的一场男子板球决赛因雨延迟，可当天大雨一直不停，比赛始终无法进行。组委会最终根据相关规则决定，通过裁判掷硬币的方式来决出胜负。结果科威特队赢得了幸运女神的青睐，不费吹灰之力取得首胜，“蒙”进了八强。大家无不赞叹科威特队的运气真是太好了。

无独有偶。两天之后，好运气又青睐了角逐男子800米金牌的中国小伙子滕海宁。在比赛的最后冲刺阶段，滕海宁尽管拼尽全力，可还是第五个冲过终点。不料，最终前三名全部因为犯规而被取消成绩，滕海宁意外地“捡”到了一枚银牌。

科威特队和滕海宁他们毫无疑问是幸运的，不过这幸运是要有资格的。试想一下，如果科威特队本身没有通过努力取得与马尔代夫对垒的资格，那么科威特队的幸运也就无从谈起了；如果滕海宁是排在第六名，那么他最多只能“幸运”地得到一枚铜牌，而如果是排在第七名，那么他只能遗憾地一无所获。

其实，幸运从来都需要资格的。不努力、不尽力，是不配拥有幸运的。

成功的人，各自有办法

百米开外，有一棵果树。老师要一群学生跑向果树，看谁在规定的时间内采到更多的果子。比赛结束后，老师问采果子多的前五名学生：知道你们为什么采的果子比别人多吗？

第一名学生说："我第一个跑到树下，采到了最容易采的低处的果子。"

"因为你懂得抢抓机遇，所以采到了比别人更多的果子。"老师说。

第二名学生说："等我跑到树下，低处的果子都被先到一步的人采走了，但我会上树，于是，我爬到树上，采到了高处的果子。"

"因为你拥有一技之长，所以采到了比别人更多的果子。"老师说。

第三名学生说："低处的果子被人采走了，而高处的果子因不会上树无法采到，于是，我找来一根棍子，用棍子敲下了高处的果子。"

"因为你懂得利用外物，所以采到了比别人更多的果子。"老师说。

第四名学生和第五名学生说："我们不会爬树，四周又找不到棍子，我们一合计，两人联为一体，采来的果子平分，于是，我们一人骑在另一人的肩上，增加了高度，采到了高处的果子。”

“因为你们懂得合作，所以采到了比别人更多的果子。”老师说道。

最后，老师把学生召集到一起，对他们说：“世上那些成功的人，那些采到更多果子的人，都是懂得抢抓机遇的人，都是拥有一技之长的人，都是懂得利用外物的人，都是懂得相互合作的人。”

母亲的人生智慧

我的母亲没读什么书，她不怎么识字，但是我们家人的名字，还有组上其他户的名字，她都是认得的。前者是因为太熟悉，后者是因为工作需要——她是村干部。

记得有一次过年回家，我骑着一辆破旧的单车，后座载着村长。村长跟我说，你妈妈虽然没啥文化，但是做人做事却相当有智慧，大家都很佩服她。

对此，我深表赞同。

今天我想了很久，拿起笔列出了记忆最深刻的四条，希望对你有所启发。

1

小时候的我“心胸狭窄”，总是喜欢跟家人生气，经常“咬牙切齿”，寻求报复——比如对付我妹妹。

而我在学校却非常“善”，因为身体和心理都比较弱，所以经常被人欺，被欺了还不太敢跟家人说，只能忍着。

有一次，我又被人欺了，身上还有伤。我妈问我的时候，我只能支支吾吾说摔了。

“孩子啊，等你长大了你就会知道，家人才是最宝贵的，别人大都是来来去去。作为一个男人，你应该学会如何保护家人，在外人面前，不能总是软弱，那是孬种！”

后来，我习武。现在，我特别舍得给家人花钱。

2

某一天，跟小伙伴们打乒乓球，打输了，我不认，各种抵赖，甚至骂人。

打赢了，我哈哈大笑。

反正，不管玩什么，我都是赢得起，输不起。

赢了，开心很久，输了，闷闷不乐。

“没人想一直输，你总是想赢，让别人输下去，以后谁敢跟你玩，谁敢跟你做朋友？”

这几年，我已经很久没有跟人争执了，是啊，输赢真的不重要，谁愿意陪着你，永远让你赢，而他自己一直做一个loser呢？

3

种地的时候，老妈会带着我去用锄头挖地松土，告诉我今天要挖完多少块地。

我一想着有那么多的地要挖，就很痛苦，挖一会儿就叹气，还抱怨说根本挖不完。

“你为什么一开始就想着要把那些都挖完呢？你可以先盯一块地，挖完了，歇一会儿，然后去下一块地。总是想太远，你会累死的。”

想想确实是这样的，做事的时候，偶尔抬抬头看看远方就好，大部分时候，还是得埋头于眼前的事，一小块一小块地将要做的事情啃掉。

4

我家旁边的山上有几棵李子树。

小时候，只要它们结果了，我就会每天过去看看，看果子有没有长大，心里还预估着果子成熟的时间。

有一次，我实在是忍不住了，就爬到树上摘了好大一袋儿，准备拿回家洗了尝尝味儿。

一到家，我妈看到我拿着那些距离成熟还很早的李子，顿时脸就拉下来了。

那晚上，我只记得我被打了一顿，还记得我妈的一句话：

“我的孩子，你急什么急啊，没熟的果子，你摘下来就是浪费啊！”

上回跟她提起出书的事儿，她又跟我说起了这句话，让我不要急，先把自己经营好，其他的事情都是自然而然的。

你的未来，不能着落在别人身上

咸丰四年，曾国藩率湘军“建旗东征”，手下将领塔齐布分领一军由陆路攻往湖北通城、崇阳。塔齐布率兵到达崇阳时，却陷入了一小支太平军的埋伏，被围困在一个小山坳中。按照原来的计划，贵州道员胡林翼会在三天后率兵前来接应。如果与胡林翼内外夹击，消灭太平军的这一小支队伍就轻而易举了。

于是，虽然被围困，但士兵们却一点都不担忧，反正他们带的粮草足够应付三天，在待命时，有些士兵甚至干脆躺下来睡起了大觉。塔齐布下达命令，让士兵们操练起来，积极备战，与此同时，也让大家想办法找到更多的食物和水源。士兵们虽然不解，但君命不可违，只好照做了。

塔齐布的一名心腹却不解地问：“你不信任胡林翼大人吗？”塔齐布回答：“不，作为相互配合的同盟，我很信任他。”“那你为什么还要大家备粮备战呢？”心腹接着问，“既然相信胡大人，我们就等着三天后，胡大人率兵前来营救就行了呀。”塔齐布笑着摇了摇头，没有再答言。

然而，一直等到第五天，依然没有胡林翼率兵赶来的消息。幸好塔齐布让士兵们提前做好了准备，粮草没有出现危机，而且由于每天积极备战，士兵们的士气仍旧很旺盛。第六天，胡林翼才带兵前来，塔齐布率兵开始突围，里应外合之下，很快就攻破了太平军的围堵，顺利占领了崇阳。

本以为塔齐布会指责胡林翼的“失信”，没想到在听胡林翼解释了晚来的原因后，塔齐布只是轻轻一笑。这时，塔齐布的手下恍然大悟地说：“原来大人早知道胡林翼会失信，所以提前做好了准备。”塔齐布摆摆手说：“这并不怪胡林翼失信，只是战场上局势复杂多变，随时会有难以预料的、不受人控制的意外发生。所以，任何时候都不要把所有的希望寄托在别人身上，如此，既不会耽误事情，也会对他人的‘失信’抱以充分的理解。”手下听完，连连点头，敬佩不已。

在现实生活中也是如此，与其把希望全部寄托在别人身上，倒不如自己同时做好准备，如此既能应对突发的状况，也能对他人更多一些宽容和谅解。

你对别人好，却为什么得不到回报

我有一个小姐妹，全A生，一路名校，长相、气质、身材、能力都无可挑剔。昨天她感慨地说："我们就是劳碌命，为男朋友做了很多，对方总是不领情。还觉得我们管束得太多。"

很多优秀的女孩，会觉得男朋友不够上进，不够努力，不知道自己要什么，总是摇摆不定。如果那女孩温婉一点，可能就闷在心里；如果强势一点的，就索性帮对方做决定，让对方朝着"正确"的路走。

你可能在他身上花了很多时间，帮他申请学校，帮他投简历，帮他做计划……最初他可能会感激你，慢慢地就觉得你管得太多，觉得你太强势，而你就会因为"吃力不讨好"而感到委屈。我们姑且把这个称作"穆念慈定律"。

穆念慈定律的开始，是她发现对方人生方向有问题："你怎么可以认贼作父？"打个不太恰当的比方，就像女生们说："你怎么整天玩游戏？你怎么这么不上进？当公务员有什么前途？"云云。（当然，我们在此姑且假定杨康没有道德上的错误。）

穆念慈的第一个错误就是试图用强硬的方法把杨康"拉回

来”。

从苦口婆心到哭天抢地，到以死相逼……这种极端招式的结果往往有两种：如果他不够爱你，他一定会开始厌烦，然后把你甩掉；如果他够爱你，不想失去你，又不想听你叨叨，那就只能骗你。

穆念慈的第二个错误就是不够了解对方。

杨康是什么人？金国小王爷，众星捧月、专横跋扈的官二代，他为什么要听你摆布？杨康想要什么？他需要俯视群雄的感觉。他很有野心，不然不会冒生命危险向梅超风、欧阳锋学功夫，不然不会煞费苦心冒称自己是丐帮新帮主。你要让他放弃一个帝国，不做金国小王爷，那你用什么来与之交换？

穆念慈最大的错误是把自己的悲剧转嫁到孩子身上。

不论有意无意，她从小就在杨过心中种下了一颗仇恨的种子。她的内心不足以强大到吞下自己的苦，只给孩子留下一个微笑，一个无忧无虑的童年。这是很多母亲都会犯的错误——丈夫我已经管不了了，我把所有希望都寄托在孩子身上。自此，一个人的悲剧变成了两代人的悲剧。

问题是，怎么避免穆念慈的悲剧？你不满意他，就会想改变他，改变不了，就很容易抱怨或者唠叨，你觉得自己是为他好，他却不领情，你肯定觉得委屈，也很自然会把期望甚至怨念转嫁给孩子。

我们从根源上解决问题——你要么选一个你满意的男人，要么尊重自己的决定。找的时候睁大眼，决定了就不要后悔。

当然，如果你恰巧遇到一块璞玉，你觉得你可以雕琢他，那就把他的潜能激发出来——这就是黄蓉聪明的地方，她不试图改变郭靖，但是能把他的潜能激发出来。

问题的关键在于，他想要成为什么样的人，而不是你想要他成为什么样的人。只有这两者方向一致时，你的付出才有意义。这就要求你必须了解他真正想要什么。

如果他此生所愿就是在家玩游戏，那你就支持他做专业玩家，如果你把他从电脑前拽过来让他考CFA，那还不如跟他分手去找个投行男来得快。

不要为他的人生掌舵，你负不起这个责任。

但作为一个优秀的女人，你可以为他测风向，建灯塔。就像黄蓉给洪七公做饭，让洪七公收郭靖为徒。

再看穆念慈，她除了苦口婆心劝杨康不要当汉奸之外，其实并没有为他做过什么。如果穆念慈真的有能力助杨康成为丐帮帮主，杨康或许不会再留恋他的“金国小王爷”，毕竟他还是不想当汉奸的。

你要他放弃一样他很重视很喜欢的东西，你必须要拿一个更有吸引力的东西和他交换。如果你做不到，那就不要管他。

女人，如果你觉得自己够优秀，应该自信无论他想走哪条路，只要不是作奸犯科，不是什么不道德的事，你都能助他爬到金字塔尖。所以，不要抱怨自己的男人没用，因为你的潜台词是在说自己不仅没眼光，又没有把他推上去的能力。

说得粗糙一点，你要么支持他，要么别管他，要么换一个男人。不要试图改变他，不要过多地抱怨，更不要把期望和委屈转嫁给孩子。

最后想跟身边优秀、甘于付出的女生说一句：不要用你的付出来衡量对方应该怎么对你，因为你的付出可能并不是他想要的。不是他的错，也不是你的错，是你没有找到一个会珍惜并且能受用你的付出的男人。

很多女人就像王语嫣，整天心心念念着“表哥”，但“表哥”需要的是一个能帮他复国的女人。王语嫣那些过目不忘的武功秘籍、小家碧玉的贤惠细腻，“表哥”用不上，也不在乎，相反，这恰恰是段誉需要的。

如果一个男人让你感到“吃力不讨好”，你可能要思考你们是不是真的合适。期许和付出反差太大的话，女人就容易变成怨妇，慢慢地就丧失了自己的魅力，成了一个恶性循环。

如果你是王语嫣，遇到了一个不懂得欣赏你的表哥，付出过、爱过、疯过一场，就够了，当断则断。即使你遇不到段誉，孤独终老也好过跟一个让你变成怨妇的男人耗一辈子。

你无法为他的人生负责，但你必须要对自己负责。

去做擅长的事情，才能成为千里马

一个著名老中医的女儿，天生丽质，因为生在医学世家，自幼就对医术有所感悟。后来小姑娘上了医科大学，又读了研，毕业后，顺利地进了市中医院。工作两三年，业绩不错，又因为貌美，她慢慢在中医圈里小有名气，有些患者甚至慕名去找她看病。

本来就应该这么顺风顺水发展下去了，不料因一次偶然，她的人生出现了大转弯。

那天，一个电视台的导演去看病，正逢她当班。导演见她端坐那里，气质不凡。正好台里要拍城市宣传片，需要一个女医生的形象，导演便请她出演。这当然是个好事，她欣然应允。本色出镜，她表现得相当不错。后来电视台做一档医学健康节目，找不到合适的主持人，导演想起她来，力邀她去试试。

这就不是闹着玩的了，如果去了，就等于换了职业。虽然也还跟医学有关，但那是电视台的主持人，可不是医院里的医生。而这两个职业比较起来，当然还是前者对一个女孩子的诱惑更大。反复思量之后，她决定放弃多年研习的专业，去接受那个光鲜的挑战。

试镜通过。她就这么摇身一变，从一个每天给病人把脉看病的美女医生，变成了在镜头前滔滔不绝的主持人。

最初，她非常满意自己的这次华丽转身。尽管做电视压力很大，但那种成就感也是空前的。她忙着给自己充电、练习发音，加快脚步适应工作节奏。

电视台那是什么地方？美女扎堆，人才如流。她这样的，放在医院里非常出众，一扔到电视台，立刻就没影儿了。

她也渐渐感觉到自己做主持人完全没有做医生那么游刃有余，每次做节目时都是绞尽脑汁、胆战心惊，仿佛每天都在爬一座看不见顶峰的山。但不管怎么努力，台领导还是对她有种种不满——嫌她脸圆不上镜，嫌她语速慢，嫌她声音哑……从容貌到应对能力再到专业素质，都只能给她及格分。每次审片会上，各种各样的意见都会劈头盖脸落到她身上，面对那些挑剔指责，她真是郁闷得要死。但那也不能怪领导，人家说得都有道理。而有些东西，真不是依靠后天努力能修炼出来的，比如声音。所以尽管难受，尽管委屈，她也只能憋在心里，哀己不幸，怒己不争。

外人只看到她的光鲜亮丽，哪里知道那背后的辛酸眼泪。

她后来回头想，觉得那些做医生的日子简直太轻松愉快了。那时候她有从小到大的专业积累，也有天生的对医学的悟性，加上貌美懂事，患者和领导都对她欣赏有加。那才是属于她的土壤。她想，如果一直留在那里，她的人生要比现在快乐一百倍。但是显然，她已经不可能再回去了。

就好像一匹千里马，本来在草原上跑得好好的，却忽然被人发现有耐寒耐渴长途跋涉的能力，于是经不住诱惑，投身到了向往已久的沙漠。可是在沙漠里的千里马，哪里是骆驼的对手，它的优势被埋没，成了队伍里最差的一员。可是等它承认自己不是在沙漠里奔跑的料，却已经置身沙漠腹地，不可能再回到草原重新起跑了。

其实社会进化到这个份儿上，分工已经极其细化、精准，实在容不得你三心二意、临阵磨枪了，你必须拿出自己最强的强项来，用最大的时间和精力来打造，如此才有出人头地的可能。你是说相声的料就全心全意把相声说好，不要因为歌唱得也不错就想着改行去唱歌。一副好嗓子对你说相声可能是个很好的辅助，但拿它当主业就未必能成事儿了。

这是很多优秀的人一生碌碌无为的原因。他们不了解自己，也不了解世界，不知道自己最优秀的地方在哪里，也不去坚持自己最擅长的项目。弃优从劣，颠倒主次，于是你成了沙漠里的千里马，貌似怀才不遇，其实是选错了路。

让自己变强，才是对世界的尊重

1

朋友入职新公司也有几个月了，原本以为经过几个月的朝夕相处，她与新同事的关系早就得到改善，结果昨天一起吃饭的时候才知道，她的日子依旧过得不那么舒服。

很大一部分原因在于，她认为自己已经为了维护和加深彼此的关系付出了很多努力，也妥协了很多事，但没有收到相应的回应，这让她有种莫名的失落，还有一种更深沉的自卑：是不是我还做得不够好？

细细聊来，我倒是有点吃惊于她的毅力——能如此持之以恒地的取悦别人，难说不是一种能力。

融入一个新的人际圈子其实应该是件在时间的帮助下水到渠成的事，是急不得也求不得的，但她却选择了最累的一种方法：放弃自己的立场去迎合别人以求尽快建立新的人际关系。

一开始她也提醒自己这应该只是暂时的，绝不是长久之计。但她高估了自己掌握情绪的能力——取悦别人其实是有快感的，她陷入这种患得患失的状态中无法自拔。

她开始因为同事的一个小认同欢欣雀跃，即使这认同并非是因为她的工作能力，也许只是她答应帮他加班做未完成的工作。也会因为别人偶尔的夸赞兴奋不已，即使这只是在她牺牲自己的利益后的客套话。

她都没发现的是，不知从什么时候开始，她逐渐开始依赖认同感才能正常地生活。

2

我小时候在家长眼中一直是那种很“懂事”的孩子，为了维护这种“良好形象”，我打小就学会了如何取悦家长。

亲戚的孩子来我家玩，看到喜欢的玩具想要带走，其实都是孩子，那时候的我也很喜欢这些玩具，我还给它们都起了名字。但我通常会装作大方的样子送给那些小孩，因为我这样做了之后，亲戚会夸我懂事大方，父母会在亲戚离开后夸我善解人意，那时候弱小的我对这种夸奖几乎没有抵抗力，即使晚上会躲在被窝大哭一场，也觉着被夸奖要比一个玩具重要多了。

那时候太小，还不懂得人的价值并不是靠别人的喜欢获得的，这一生路还很长，要是一辈子都想让身边所有人喜欢自己，一辈子被这种空荡荡的夸赞捆绑的人生得有多糟糕。

而随着年龄逐渐长大，我愈发强烈地感受到在中国这样的人情社会里，做一个“懂事”的后辈要付出的代价有多可怕。

高中时常常给杂志写一些稿件，做自己喜欢的事给自己带来的快乐是难以名状的。但很快的，我耗费在写作上的时间开始让父母感到不安，他们不能理解写作也是一种职业和技能，他们告诉我只有好好学习考上大学才算有出息。

这一次我没有再妥协，我有些强硬地拒绝了父母和众多长辈冠以“过来人”名义的经验之谈，变成了他们心中那个不再懂事不再听话的叛逆孩子。

我突然发现，摆脱了别人评价的束缚的感觉实在是爽翻天。我不用再为了“认同感”做我一点都不喜欢的事，我靠自己的作品和能力获得欣赏，而不是做迎合别人委屈自己的事。

从取悦自己开始，我变得更强大。

3

读书的时候有过一个很特立独行的舍友，在宿舍属于奇葩一般的存在。

说起来本来也不是奇怪的点，只是因为他好像从来不太在意别人的意见，但又不是刚愎自用，也不是高贵冷艳，就是会单纯友好地拒绝一些意见而已。

可是在那样一群普遍内心还没有成长到靠自己的学生之间，会拒绝就已经是一件了不起的事。

同寝四个人，他的生活最规律，按时上课，按时休息，时常健身，从不参加社团和学生会之类的活动。在我们都挣扎在社团活动中常常通宵的时候，他早早就准备好了考研，也早早开始了对口专业的实习。

大家对他的态度褒贬不一，不外乎是“羡慕他的自在”和“笑话他的死板”，更有甚者“嘲讽他的自大”。

可是当大学即将毕业的时候，那些纠结在社团活动和人脉交际中的人慌慌张张地开始找工作找实习，为了给自己空空如也的简历加上一些拿得出手的东西，他们又怕又忙，狼狈得厉害。

而奇葩室友却依旧按部就班地生活，直到毕业我们才知道，他早早就凭借优异的专业成绩和实习经历找到好几个上家，他要做的选择只是继续读研或者走向社会，而曾经笑话他的那些在学生会呼风唤雨的人如今连选择的权利都没有，灰溜溜的不知道最后凑合了什么工作。

其实彼时习惯了取悦别人的我，发自内心地对他有一种崇拜，但他并不领情。我一度以为我是被他不喜欢的，还因此懊丧了很久，结果发现根本不是，他压根就是不在乎所有人对他的看法，他自己有强大的内心足以撑得起生活。

4

对自己的能力一再否认，对自己的态度一再忽视，对自己的爱好一再打压，只是为了让别人更喜欢你，这代表你的价值太过于依赖别人的评价，基于别人对你的喜欢和好感的人生实在是虚得厉害。

对别人的一味谄媚与讨好说明你自卑，你以为“乐于助人”是美德，但其实这会让你逐渐丧失自己的价值，更会给自己贴上“没能力”“没思想”之类的标签，在职场上这可是大忌。

你要明白，你不是靠别人的认同感活着的，这世上多的是不喜欢你的人，但反过来想想，也多的是喜欢你的人。

人海茫茫，你我有缘遇上，若能互相理解引为朋友是一件幸事，但若是缘尽于此互不喜欢，那便大路朝天各走一边的好。

你不需要那么多的朋友，也不需要被那么多人喜欢，比起取悦别人，不如取悦自己来得快活自在。

让自己变得更强，就是最好的取悦于人。

能取悦自己，才是对这世界最大的尊重啊。

失败者和成功者的差别

成功者和失败者的分水岭在于：成功者无论做什么，都力求达到最佳境地，丝毫不会放松。因此让平凡的生命在付出与奉献中多了一份别样的美丽。

你工作的质量往往会决定你生活的质量。在工作中你应该严格要求自己，能做到最好，就不能允许自己只做到次好；能完成100%，就不能只完成99%。不论你的工资是高还是低，你都应该保持这种良好的工作作风。每个人都应该把自己看成是一名杰出的艺术家，而不是一个平庸的工匠，应该永远带着热情和信心去工作。

承认浮躁是一种时代必然。同样教育背景的人，有人月薪几万，有人仅挣一两千，人心难免浮躁，但是，你必须把手头的工作做好，才可能真正进入一个成功者的境界。所谓成功者，并不单纯指百万富翁，也包括那些完美地完成一件工作，进而完成每件工作的人。

成功者和失败者的分水岭在于：成功者无论做什么，都力求达到最佳境地，丝毫不会放松；成功者无论做什么职业，都不会轻率疏忽。“如果你只是一个负责冲洗甲板的工人，那也得好好干，就像海神随时在背后监督着你一样。”狄更斯这样说。

当年轻的富兰克林尚在费城为求得一个立足之地而苦苦挣扎时，有些精明的商人已经预测到了：即使富兰克林现在囊中羞涩，生活困难，吃饭、睡觉、工作都是在同一间小屋，但这个年轻人必定前程无限。

因为他是如此全身心地投入工作，如此渴望着大展宏图。他经手的每一件事都能做到尽善尽美，这些都预示和象征着他未来的作为不可限量。当他还只是一个学徒期刚满的印刷工人时，他的工作质量就已经远远地超过别人了，而他的排版系统甚至比雇主的还要先进，人们纷纷预测有朝一日他肯定能取而代之，拥有自己的企业——历史证明他的确是做到了这一点。

那些远大的理想，应该让它们高悬在未来的天空里，最紧要的是把自己手边的每一件具体的事做好。做什么事情都要干劲十足，自己创造机会、把握机会。生存永远在成功之前，换言之，靠自己的劳动赢得生存，本身就是一种成功。假如上帝暂时没有给你很多机会，只是让你扫厕所，那么你就必须面对现实，把厕所扫好。

你怎样对待工作，你在公司的位置就是什么样的。当你敷衍工作的时候，公司也会敷衍你。当公司需要裁员的时候，你的名字也就毫无悬念地被放在了裁员名单上。你所做的一切都应该代表着优秀、代表着卓越，应该让所有的人知道，你的作品是最完美、最出色的。有了强烈的责任意识，就会有使命感，对自己高标准、严要求。态度不一样，精神状态、工作标准和工作质量也不一样。

沃尔特·克朗凯特是美国著名的电视新闻节目主持人，他从孩提时代就开始对新闻感兴趣。并在14岁的时候，成为学校自办报纸《校园新闻》的小记者。

休斯敦一家日报社的新闻编辑弗雷德·伯尼先生，每周都会到克朗凯特所在的学校讲授一个小时的新闻课程，并指导《校园新闻》报的编辑工作。有一次，克朗凯特负责采写一篇关于学校田径教练卡普·哈丁的文章。由于当天有一个同学聚会，于是克朗凯特敷衍了事地写了篇稿子交上去。第二天，弗雷德把克朗凯特单独叫到办公室，指着那篇文章说："克朗凯特，这篇文章很糟糕，你没有问他该问的问题，也没有对他做全面的报道，你甚至没有搞清楚他是干什么的。"接着，他又说了一句令克朗凯特终生难忘的话："克朗凯特，你要记住一点，如果有什么事情值得去做，就得把它做好。"

在此后70多年的新闻职业生涯中，克朗凯特始终牢记着弗雷德先生的训导，对新闻事业忠贞不渝。

1963年9月，克朗凯特报道了约翰·肯尼迪总统在达拉斯遇刺的消息。整个美国都在观看这一报道。整个国家都看着这同样的一幕，整整三天，三大新闻网没有报道其他任何消息，只有总统身故，以及为肯尼迪总统举行葬礼的报道。整整三天没有任何商业广告。这是美国无法忘记的关于尊严的一幕。自此以后，美国人授予克朗凯特一种荣誉——接受他播报的任何新闻，无论好坏。

他总是为公民应了解世界上到底发生了什么的权利和责任呼号。他为读者，同时也为记者坚守着一种单纯的道德准则。记者关心的不是权力的自高自大。克朗凯特的职业生涯证明了一点：一个优秀的记者只有一件事要做——讲述真相。导演西德尼·鲁梅特说："对我而言，他是在一个最容易堕落的行业里最不同流合污的人。"这就是克朗凯特期望的一切，而他做到了。

持久而良好的职责观念，是每个人应该具备的最起码的品德。没有持久的职责观念，你就会在逆境中倒下，在各式各样的诱惑当中迷失了自己。如果没有"职责"这种黏合剂，一个人的能力、善良、智慧、正直都无法持久下去。

尽心尽力，恪尽职守，平凡的事业也会因做得出色而闪光。无论你从事什么职业，也无论你做什么事情，都应该为其努力付出，无私奉献，尽心竭力，争取做到最好。让平凡的事业在我们的努力与用心下多一份神圣，让平淡的生命在我们的付出与奉献中多一份别样的美丽。

想要有好的收获，就要成为更重要的人

你抱怨生活不如意的同时却没付诸行动去改变，你想获得更多的优待和报偿，凭什么？

1

几个十分要好的同事吃完饭聊天，本来很开心。

突然有人问：“诶，你工资多少？”

“额……14K……”

被问者显得有些拘谨，尽管不太愿意聊这个话题，但见对方是新人，一脸真诚的样子，半推半就还是说了。

围观者惊呼。随即彼此就工作侃侃而谈，福利怎么样，年终奖怎么样，未来前景怎么样……兜了一圈发现任何一项不如别的公司。总而言之：我们公司最烂。

而后各自陷入沉默。

2

刚毕业那年，我也对别人的工资充满好奇。

最主要的原因是工资太低，每个月除了房租与饭钱就所剩无几，买任何东西都会不由自主地考虑一个问题：这个月钱够不够用？

与此同时，基本上每天都加班到晚上七八点，再坐公车回家，钻进楼下的快餐店吃个饭就十点半了。连看电影都提不起兴趣，倒头就睡。

同部门的老员工常对我呼来唤去，一些“无主”的任务就像认干爹一样被摊派到我身上。那时，我觉得我是这个部门最忙的人，强烈地觉得自己的付出与回报不相匹配。

每次慌慌张张地进出办公室，都能看见那些慢悠悠泡花茶的，嚼着口香糖整理桌面的，高跷二郎腿叼着烟玩鼠标的……心中升起一股淡淡的戾气。

3

有天中午吃饭，我有意无意地问了一位同事关于工资的事。这个男孩比我早来两个月，尽管不是一个组里的，但因为我们都喜欢打球，所以工作之余接触比较频繁。

结果自然是我很不开心。

不仅因为他工资比我高，问题的关键在于他比我还低一届，只是个实习生。进而我认为公司在待遇上是不公平的。你要说他做的事情比我的重要，或者他的才能完全在我之上的话，我心服口服。

但好像也没有啊，从我和他对接的工作上看，他所做的事情我一样能做。

不过，我从未在公开场合表露过我的不满。

其实，那时的我喜欢刷空间。傍晚的红色夕阳，清晨绿色的人行道树，一有啥鸡毛蒜皮的事情都要在空间里感慨一下。但关于工作的事情，我绝口不提。偶尔提到，也仅仅只是表达一下今天很累，鼓励自己坚持，云云。

我认真地分析了一下，自己做的事情虽然很多、很杂，但确确实实不够重要。一个公司为什么要在不重要的岗位上耗费更多的人力成本呢？除非你成为更重要的人，做更重要的事。

一想到这儿，我也就不那么愤懑了。

依然每天上班下班，极少迟到，尽最大的努力完成手头的每一个任务。基本上每个月都能拿到一百块的全勤奖，甚至还有一次被提名优秀员工，虽然最后没能“晋级”，却也让我高兴了一阵。

起码，我的努力有人在看。

4

在我转正后的第二个月，月中发工资的时候我发现卡上钱竟然多了一千块。一千块钱，至少房租解决了，心里的高兴自不必说。

第一次有些疑惑，是不是财务搞错了。但接下来的每个月也是按这个标准发的，也就习以为常了。偌大一个公司，扣钱不通知也就算了，连加工资也不说一声，也是醉了。

这就更加印证了我之前的想法是对的：要想拿更高的薪水，那就让自己成为更重要的人，去做更重要的事。

但后来的经历并未如我所愿。

因为，在一个体系庞大的公司里，一旦你被固定在某个岗位上，那么你所接触到的大多数事情都是岗位相关的，尤其是辅助性岗位，它或许不可或缺，却永远不可能占据主导。

因而，在“做更重要的事”的路上，我受挫了。

一年之后，我选择了离开。

5

当我立志成为一个“更重要的人”以后，我就不那么在意几百块的差距了。

我知道自己还有很多需要去弥补的地方，而我的工作又恰好能够补足我的短板，而不至于让我过于窘迫，还有什么好抱怨的呢？

关键是，我知道抱怨没有用，所以也就不做无用功了。

就像从前的我，喜欢对国家大事高谈阔论。随着年龄的增长，我渐渐发现并接受普通民众的意见建议形同“空屁”的事实，也就失去了评头论足的兴致。这是一样的道理。

因为你不重要，所以你说的话也不重要。

再说一个例子。我接触到的一位创业者，当年开干的时候，四处找钱都遭冷眼，申请一个政府补贴项目被排除，后来死撑硬扛坚持了下来，如今投资人追着给他钱，上个月政府主动找上门，给他补贴五百万。一时间，他的项目成了本市着力扶持的优秀创业典范。

世事就是这样，你想要的，软磨硬泡求而不得；你不需要的，生拉硬扯强塞给你。一方面确实是因为你变得更重要了，另一方面，其实是因为你有了更大的用处。

6

我并不是怂恿你用理想麻痹自己，说钱不重要、工资不重要。

你这么辛苦地工作，不就是为了工资、为了钱吗？我们都需要用钱养活自己。但是，在你人生中的很长一段时间，你必须承认，你并不具备让自己活得逍遥自在、挥金如土的能力。当然，富二代例外。

有人工资比你高，那是因为别人学校比你好啊；有人工资比你高，那是因为别人有技术有本事啊；别人工资比你高，那是因为别人做事优秀啊；别人工资比你高，那是因为别人会讨老板欢心啊……你有什么？

你只会对着电脑刷微博，刷完微博打开手机刷朋友圈，刷完朋友圈去休息区蹭点下午茶，吃饱了发现微信群里老板交代了个任务赶紧回个“好的”，磨磨蹭蹭处理完又不知所措了……

就这样，每份工作干个一年半载换一家公司。干的事情差不多，牢骚从来没断过。

你抱怨生活不如意的同时却没付诸行动去改变，你想获得更多的优待和报偿，凭什么？

7

一位前辈告诉我说，在他工作的六年中，从来没向老板提过加薪的事。但整个部门里，数他的工资涨得最快。每次都是老板主动找他谈话，要给他提薪。第七年的时候，他毅然决定辞职创业。老板极力挽留，就是开出工资翻倍的条件，他还是辞职了。因为他觉得自己可以不用靠打工维持生活了。他要让别人为他打工。

从薪水的角度讲，他一直是同龄人中的翘楚。但他从不在朋友间谈论工资的事。他说：

“为什么要去谈这个伤人的话题呢？他工资比你高，你不开心；你工资比他高，他不开心。你不开心了，他也没法开心，他不开心了，你也没法开心。大家都不提，皆大欢喜，不好吗？”

想想也是。

别人的工资多少，你知道了又怎样？老板又不会根据别人的工资来确定你的工资。需要根据别人的情况来确定的，是“最低工资标准”。毕竟，一个公司是根据岗位来定薪的，既然工资低，那就选一个薪水更高的岗位呗。

如果不能有更好的岗位，那是不是应该让自己再“深造”一下？就是买本书先充充电，也不错啊。相信到一定火候，你一定能够胜任薪水更丰厚的岗位。但在此之前，是不是要把手头的工作先做好呢？

毕竟，抱怨没用，知道了别人的工资也没用。

如果你真的做得很好，工资却不见涨，那么，你尽可以离开这个公司，因为这不是你的问题，是公司的问题；如果你做的确实很烂，工资也不见涨，那么，没开掉就是你的幸运，因为这不是公司的问题，是你的问题。

当你修炼成佛了，你不满足于自己的小庙，那去大庙啊。眼神好的住持一定会给你一个更尊贵的位置的。而当你只是一个小和尚，还是省省吧，练功才是现在你最紧迫该去做的。

选对方向，再去努力

有一年初夏的早上，父亲让我跟他去花生地里除草。

初夏的花生地里，夹杂在绿叶下面的小黄花，在微风中摇曳着，一片生机勃勃。

我看到父亲在轻轻除去花生地里的杂草时，还把一些长得很高、花开得很大的花生除掉。

“为什么要除掉花开得大的花生呢？它们开得多漂亮、多美丽！”我惋惜地问父亲。

“花生花开得太大并不是件好事。”父亲说。

“不是花生花儿开得越大，果实就会越大吗？”我疑惑地问。

“恰恰相反。”父亲说，“花儿开得越大，果实就会越小，甚至没有。”

“为什么呢？”我问。

“花儿把养分和劲儿都用在开花上，花儿开得倒是很漂亮，但又怎能专注结果呢？”父亲说。

“使劲开花的花不结果？”我问。

“对，使劲开花的花大多数不结果，能结果的大多是向下努力扎根的。”

“长这么大了，把它们拔掉，真是有点可惜。”我说。

“一点也不可惜，因为花生不是用来欣赏的，而是用来结果的。如果让花生专注于开花，那么华而不实的花生会让我们在秋天颗粒无收。”父亲意味深长地说。

我终于明白了。再看到花生地里那些开得大大的花儿，我也能毫不留情地把它们拔掉。

生活中，很多的未成功并不是因为我们不努力，而是选错了努力的方向。

只有创新，才能保持第一

20世纪70年代，日本有家玻璃厂聘请营销专家佐藤给业务员做指导。经考量，佐藤决定先向优秀的业务员取取经。

松田的业绩年年都是第一，于是佐藤跟松田跑了三笔业务，很快发现了他的独特方法。原来，每次去谈生意，松田除了要带上安全玻璃，还会带一把铁锤子。见到客户，松田便先问对方："你相信我们玻璃的质量吗？"对方如果说还不太了解，他就把玻璃摆出来，然后举起锤子用力砸下去。客户看见玻璃丝毫无损，接下来便十分愉快地谈起了合作。佐藤把松田的这套推销秘诀公之于众，并强调说："懂得抓住客户对质量存疑的心理，巧妙地做现场展示，这正是松田成为冠军的法宝。"很快，公司效益大增。

到了年底，佐藤注意到松田的业绩仍然遥遥领先，不禁疑惑地问："现在大家都用了你的方法，为何你还能保住第一呢？"松田笑了，说："你把我的方法公开后，我就改进方法——把锤子交给客户去砸样品，这样一来他们就会更信赖我们的产品了！"

佐藤终于明白，原来第一并非靠什么秘诀，而是要靠不断创新，这样才能脱颖而出。

重要的是，你知道自己要的是什么

周杰伦在演唱会进行到一半时，振臂一呼说：唱首老歌好不好？唱第一张专辑的歌好不好？台下顿时一片沸腾，他还没开口，歌迷们已经哭的哭叫的叫，状似被拐儿童回故乡。

那样的场景，作家就不可能复制，就算莫言也不行。设想一下，若有一日莫言站在台上，对着几万书迷高呼：现在来读我的第一篇小说好不好？读我写过最棒的句子好不好？想必没人会痛哭当场，能给出些热烈掌声就算非常配合了。

这就是职业的差异，并不是说明星就比作家好，五百年后也许没什么人了解周杰伦是怎么回事，但一定还会有人看莫言的书。作家的优势和成就感，不在舞台上。

小时候全社会都教导我们“三百六十行，行行出状元”，但毫无疑问职业有好坏之分，只是其评判标准不在于它给你多少收入多少粉丝，而要看它能否带给你最大的乐趣和最强烈的成就感。若你觉得流芳千古拯救全人类的灵魂最牛，那就该写作。你要喜欢现时现刻被关注被簇拥被当作神灵追捧，那就去做明星。若你性格恬淡，向往“枯藤老树昏鸦，小桥流水人家”，那去郊区弄块地做个农夫也不错。

最要紧的，是要准确知道你想得到什么。

本来这事最好在高考报志愿时就了然于胸。但根据现有国情，18岁之前大家基本处在“不闻窗外事，只读圣贤书”的未成年状态，极少有人会分出点心来扒翻职业框架，所以人生第一次重大选择基本就昏头昏脑虎头虎脑地由师长们包办了。这不怪你。但经历了大学或研究生阶段，你的三观就得像三围一样，基本有个数了。所以人生第一次求职，你得奔着正确的方向去。

那句话怎么说？你现在流的汗，都是因为当初选专业时脑子进的水。我破解一句：如果你选专业时脑子进了水，那找工作时就必须把所有的水清出来。如此还算有救，否则若关键时刻你总是一头雾水，到最后人生必然就是一摊污水。因为通常你的专业决定了第一份工作，而第一份工作又决定了第二份工作，然后一生的职业方向就基本敲定了，再想华丽转身，比在高速公路上掉头还难。

去年我们单位招聘，一男孩的简历雷倒了我。当时我们招财务、销售、设计，他简历上明确写着三个职位都胜任。面试时我问他最擅长哪个，人家自信满满答我：都成，我是复合型人才——全场都笑了有没有？连我们不苟言笑的老大都难得地露出了八颗开心的白牙。

毫无疑问那个幽默的小伙子最终被淘汰了，因为我们确实不需要复合型人才。话说现在社会分工已经精准细化到什么程度了，一个人能把一件事做好已经不易，他说他全能，那就势必样样通样样松，把他安排在哪里显然都不合适。

无数人在抱怨自己一腔美梦实现无门。其实呢，也许你梦想做一名歌手，毕业时却找了份银行的工作，你把梦想装进口袋选择了现实，最后你的口袋鼓起来了，梦想却瘪了。怪得了谁呢。

想圆梦，就得知道自己有什么梦，并第一时间像追求初恋情人那样心无旁骛扑过去才行。想圆梦，就要有个圆梦的样子。

Part 6

人生是旅行，而不是逃窜

不去真的不会死，有些事现在做不了，以后总有机会再做，说走就走前别忘了了解户外常识。世事还长，人间很美，不急这一刻。

人生是旅行，而不是逃窜

大学毕业那年，我被某著名国企录取，那年竞争相当激烈，三万个候选人里只需要三个人。拿到Offer之后，我狂喜了一段日子。直到入职培训的电话打来，我恐惧了，不用想象，就知道自己十年后甚至退休后安逸无忧的样子。犹豫再三之后，我告诉他们我不能去上班了。那天，我豪情万丈地摊开中国地图，勾选了十个我喜欢的地方，给自己订了“十年十城”的计划——每年去一个城市生活、工作，顺便旅行。

北京是计划中的第二站。刚入职时，我就对主管坦白了我的“十年十城”计划，很快成为一个笑话流传开。我和他可能都没料到，到今天，我在北京已经待了整整五年。

曾经，我在博客里写过一篇谈梦想的短文，很多人看得泪流满面。文中写道：“其实，有这么多的生活方式可以选择，世界上有这么多人和你过着截然不同的生活，为什么要把一份做到死的工作和一套未必能住到死的房子作为唯一的目标呢？”

可是，当我如今重读那篇文章的时候，我意识到，那是一种非理智的煽动，我必须对那些流泪的读者道歉。做一份安稳的工作，为家人准备一处温暖的居所是同样珍贵的梦想。

而今放眼望去，四处都是挠得人内心痒痒的标语，“不去会死”“有些事你现在不做就永远也不会做了”“辞职去旅行”“再穷也要去旅行”……好像旅行一夜之间成了拯救糟糕生活的解药，好像许多朋友一提起梦想，就失去了想象力。哦，梦想就是不用工作去环球旅行。

顺风车、沙发客这些曾经散发着温情的词汇，因为旅行的无节操而渐渐让人抵触。因为工作关系，我见过太多号称“XX元走中国”的人，他们大多数没有职业，没有生活来源，用极少的钱可能走完这么多地方吗？要么逃车票逃门票违反社会规则，要么一路活在别人的施舍之下，这和乞讨有什么区别？更让人难过的是，经过媒体的炒作，很多孩子开始效仿。

亲爱的，这不是旅行，这是逃窜。

太多人分不清“想要”和“需要”的区别。如果旅行是你的需要，像吃饭、睡觉一样重要，那么就带上你的心和人民币去享受旅行。如果你想通过旅行去解决生活里的难题，去寻找所谓的安全感、梦想、勇气，甚至用它来逃避现实生活，那么你一定会失望。它就是生活本身，那扇没有推开的门终究还是会矗立在你面前。

不去真的不会死，有些事现在做不了以后总有机会再做，说走就走前别忘了了解户外常识，没有钱就努力工作，为下次旅行做准备，无论走多远只有走回内心才是天堂。世事还长，人间很美，不急这一刻。

囚犯逃到世界尽头也会随身携带他的小监狱，把生活搞到一团糟的人在哪里都是颠沛流离，你就像一个追着自己影子满世界乱跑的人，心力交瘁。向外寻找终是徒劳，当你的身体追赶上你的心的时刻，才是真正属于你的地方。

走出去，还得走回来，回“家”的路才是旅途。

节约不是小气，而是教养

1

某电视综艺节目来了一位男嘉宾，号称自己是个吃货，他说，“有时候为了品尝美食，专门会飞到一个地方，点一桌菜，自己一个人吃。”

场上赶紧有女嘉宾附和：“我也是，我也是，点好多想吃的，每个吃一点。”这画面，颇有当年慈禧用膳时的既视感：面前摆了几百样菜，老佛爷雨露均沾。

节目现场一派有情人相见恨晚的融洽，倒是主持人保持清醒：认为爱吃是个人兴趣，但节约关乎品德。“钱是你的，你想怎么花就怎么花，可资源是社会的。”

2

在台湾学习的时候，发现很多台湾学生喜欢用旧物。一部破手机，大陆早五年前就淘汰了，还在口袋里揣着。

聊天时，台湾同学说，你们大陆学生好有钱，个个用新款的苹果手机。也许问话的人没有恶意，我却感到汗颜，因为我知道，这动辄几千块的高科技，没几个大陆学生是自己挣钱买的。

倒是我认识的这些台湾朋友，每天放了学都会去打工，一个月能挣两三千元。越挣钱越就知道挣钱不容易，所以这些孩子都一顶一的“抠门”：出门很少打车，搭公交、地铁，骑自行车或者小摩托；很少大吃大喝，即便聚餐，也都非常简单；什么都讲回收和反复利用。

在连个垃圾桶都不容易找的台湾，谁要是一桌菜剩下一半，反倒会让人瞧不起。

3

工作原因，去拜访一个老总W。谈到一件事需要记录，他随手从一叠纸里抽出一张。这纸一面有字，一面空白。

我特意看过去，桌角码着整齐的一叠纸，都是无字的面朝上。干净又整洁，应该是秘书定期整理收纳的，但这件事，必然是有人授意秘书这样做的。

那一刻，我对W的印象好似突然提升了。节约，其实不是节约钱，也不完全是节约资源，节约，是对自己欲望的控制。

4

很多人习惯把节约跟小气画上等号，这大概是贫穷年代留下的烙印。

其实“节约”，就是节制，有约束。这恰恰是这个时代最需要的品质。节约的人，与人友善，遇事圆融，与自然和睦相处，让人舒服，让自己舒服。而顺带的，因为节约，人变得简朴、谦虚，而这些，潜移默化地体现在一个人的身上，成为有教养的一种表现。

良药不一定非要苦口

在非洲的巴贝姆巴族中，至今依然保持着一种古老的生活仪式。当族里的某个人因为行为有失检点而犯了错误的时候，族长便会让犯了错误的人站在村落的中央，公开亮相，以示惩戒。

每当这时，整个部落的人都会放下手中的工作，从四面八方赶来，将这个犯错的人团团围住，用赞美来“教训”他。围上来的人们，会自动分出长幼，然后从最年长的人开始发言，依次告诉这个犯错的人，他今生曾经为整个部落做过哪些好事。

每个族人都必须将犯错人的优点和善行，用真诚的语言叙述一遍。叙述时既不能夸大事实，也不允许出言不逊，而且不能重复别人已经说过的赞美。整个赞美的仪式，要持续到所有族人都将正面的评语说完为止。

这真是一个智慧的教训人的方式。他们对待犯错人的态度是“尽管你犯了错有了缺点，但我们依然爱护你、关心你、接纳你。既然你曾为整个部落做过那么多的好事、善事，有着那么多的优点，那么，请你认真地反思，然后心悦诚服地改正自己的错误。我们整个部落的人都坚信：你一定具备改过向善的信心与能力。”

一家红茶店里，一位顾客来喝茶时把柠檬和牛奶一股脑儿地加进红茶里，结果红茶结块，顾客满脸怒气地对服务员说：“看看！你们给顾客喝劣质的牛奶。”

服务员正准备奚落他一番，这时经理走过来和缓地对顾客说：“真对不起，我立刻给您换一杯。”一份新的红茶端来了，茶杯跟前仍放着新鲜的牛奶和柠檬。

经理把红茶轻轻地放在那位顾客的面前，又轻声说：“我是不是能向您建议，如果在茶里放柠檬，就不要加牛奶，因为有时候柠檬会造成牛奶结块。”

顾客的脸一下子红了，照经理说的喝完红茶匆匆走了。后来那位顾客成了茶馆里的常客，隔三差五地到茶馆来喝茶，还不断介绍朋友同事来。

一传十，十传百，这家茶馆的生意越做越好。面对粗鲁，换一种委婉的方式对待，既给对方留住面子，也为自己赢来商机。

著名的以色列王戴维，一生敬虔自守，畏天爱人。但晚年却占有了部下妻子，还杀了部下以维持其美名。他是王，谁敢规劝他?

就有个不怕死的大臣，婉转地对戴维讲了个故事：城里有个财主，牛羊无数，另外有个穷人，只有一只小母羊羔，羊羔像宠物般与他家孩子一同长大。有一天富人请客，舍不得取自己的羊，却夺了穷人的羊羔宰杀奉客。

戴维天性正直良善，听此恶行，大叫可怒也，非将此人法办不可。谏臣在此关头上轻描淡写地说：王呀！你就是那人。

我们曾试图去改变别人，后来发觉都是徒劳无功。明明带着好意，结果反而造成伤害，甚至反目成仇。

假如我们换成用最柔和的语气来讲最重的话，效果就明显不同。这好比喝苦药配以蜜枣，才喝得下去，药才能发挥功效。而被劝者也要敞开心扉，时刻以“良药苦口利于病”来警醒自己。

那些“剩下”的大侠们

如果用《红楼梦》里的分类法来看《神雕侠侣》里的姑娘，那么“正册”里大概会是小龙女、郭襄；“副册”里可能是郭芙、程英、陆无双、公孙绿萼；“又副册”里会是完颜萍、耶律燕、洪凌波……

这些美丽的女士之中，没嫁掉的至少占一半，而且是干脆一辈子都没嫁。《神雕侠侣》，就是一部剩女书。

让很多人痛心疾首的是，论长相、论素质、论武功，没嫁的女士都不比嫁了的差。要是再加上林朝英、李莫愁这些没嫁的，那剩女们在素质上甚至还要压倒人妻们。

剩女们到底“剩”在哪里？都是“一见杨过误终生”吗？恐怕没那么简单。

原因之一，众所周知：社会的外力，会使恋爱和婚姻的轮盘发生偏转。

例如郭芙，她本来应该是最嫁不出去的一个，结果她却嫁得最好，家庭最完满。她老公耶律齐是年青一代中的佼佼者，结婚之后又马上接任丐帮帮主。

耶律齐被郭家相中了，凭空被拎去当女婿，别人只有让步。在恋爱的自由选号池里，有些号码压根就没有被放到池子里来。假如是一个只喜欢耶律齐的女孩子，在选号池里捞了半天，只看到武修文、武敦儒这种甲鱼，不肯下叉，于是就剩下了。

程英们被剩下，还有结构性的原因。

比如一流门派峨眉派的纪晓芙，和超一流门派武当派的殷梨亭订婚，这应该是当时江湖里最标准的婚姻模式。

女士们都在习惯性地“仰攻”。二流人物的女徒弟，总是想方设法撬一流人物的男徒弟。就像温青青撬袁承志，殷素素撬张翠山。

于是问题就来了，那些二流人物的男徒弟怎么办？

他们只好往下找，去找三流人物的女徒弟。

武修文懂得向下找，最终放弃了郭芙，顺利娶了完颜萍。妄图挑战这一规则的，即便一时小动作得逞，最后也往往自取其辱。比如丘处机的徒弟——尹志平同志。作为二流人物的男徒弟，他不肯俯就，偏要仰攻，冒死去进攻一流人物的女徒弟小龙女，结果可想而知。

因此，我们常常只顾同情剩女，却往往忽略了江湖里那些悲催的剩男。

比如黄河四鬼，比如藏边五丑，比如江南六怪，比如鹿清笃……这些沉默的剩男，如果不是铁杆金迷，你可能连他们的名字都没听过。他们都是有血有肉，同样渴望爱情和婚姻的活生生的人，却一直都剩着。

江湖上还有一个规律：越是往基层走，男士就越容易被剩下，而女士反而越不愁嫁。

在江湖二三流的门派中，姑娘很抢手，根本不用担心被剩下。

最容易被剩下的，反而是程英。她已经是黄药师的徒弟了，还能到哪里去找更优秀的青年才俊？即便好不容易物色到一两个，却还必须要求自己爱得有尊严、有风范，面对各色女子的汹汹竞争，她能有多大胜算？

当然我相信，所有有着好胃口的姑娘，最终都会找到自己的菜。只有两种人真有可能被剩下——过于现实的人和过于理想的人。

程英、郭襄，都有点过于理想，最后前者只得到了一句“兄妹之情，皓如日月”，后者只得到一句“咱们就此别过”。马夫人康敏则好像有点过于现实，已经嫁了副帮主，却非要撬帮主；段正淳已经答应了她当侧妃，偏要当皇后。

我突然发现，这两种人其实是一种人，都是过于理想的人。

让善行被全世界看见

不久前，一个全球性的“捡垃圾”运动引起了世界社交媒体的关注。

最开始这么干的，只是荷兰的一个普通上班族托米·克莱恩，他决定在河边清理垃圾的时候，只是单纯地想让河岸回到原来的样子。他给自己制订了每天花半小时捡满一袋垃圾再去上班的计划，并且把垃圾图片按时发到脸书上。没过多久，网络的作用，让简单的善行起了化学变化。

克莱恩的故事引起了广泛的效仿。许多人呼吁道：“我们需要更多这样的人！”克莱恩的朋友、同事、素昧平生的网友……越来越多的人加入了他的计划。在丹麦、英国、玻利维亚、哥伦比亚，在河岸、海滩、树林里、上班路上、散步湖边……全世界有数以万计的人，用自己渺小的力量、自己喜欢的方式，开始改善自己周围的环境。

相似的事情，其实并不少见。不久前，一位叙利亚难民父亲流亡到黎巴嫩，抱着女儿在街头卖圆珠笔为生。照片上网之后，有人发起“买圆珠笔”捐款活动，得到全球网民热烈响应。不到三个月就筹集到19万美元。他拿着这笔钱开了三间食品店铺，聘用了同样来自叙利亚的难民帮忙，不仅因善行传递改变了自身命运，又继续用善行去回馈善行，改变更多人的命运。

视频网站YouTube有一段视频也被点击了数百万次。视频集锦了一些俄罗斯的行车记录仪拍下的感人画面：大雪纷飞的街道上，一个卡车司机主动将车停下来，帮一辆熄火的私家车拖车；一排车辆停在车水马龙的十字路口，绿灯亮起时，一只小猫刚好被困在中间，排在队首的司机迅速下车，抱起小猫将其平安送抵路对面，而后面的车辆都耐心地等待，无人抢行……看到和转发的人心愿差不多——“希望更多人可以看到，我以后也要做个有爱、有耐心的司机”。

事实上，这些不经意的、温暖的善行在我们的生活中比比皆是。传统文化中，一般乐于做好事的人，都会把“不留名”也作为好事的一部分，认为所做之事理所当然、不足挂齿，只图一整天都心情愉悦。但实际上，我们的感动和鼓舞，经常来自于身边人的善举。善行只要成为话题，网络会让其产生爆炸式的传播效果。即使是个人的微弱正能量，也能唤起更多人的公德心与责任感。这些善意汇聚成了善行联盟，就会迸发出意想不到的巨大力量。

美国作家埃利·威塞尔说，生命的反面不是死亡，是冷漠。善行也需要多晒晒，我们的世界不缺少善良的心，缺少的是发现善行的热情，传递善行的努力。善行在网络时代会传播得更快、更广，正能量也是可以有强大感召力的，我们的爱与善需要更多被触发的机会。面对“人咬狗才是新闻”、负面新闻更易被传播的现实，善行更需要主动传递，不断触及我们内心的柔软，不断激发我们的善良情怀。

善良人的另一面

最近，我收到这样一条微信：你们不是做公益吗？我朋友工作的地方有个小学，很贫困，你们一定得去看看。

看到这条消息的时候，我正在去往云南绿春的山路上颠簸，信号时好时坏。我经常收到无数类似的信息，每一个关注公益的人都是好心，但每当他们把做好事的机会都“留”给我们这些公益人士的时候，我总会有些心寒。

记得有一次，北京三里屯老人卖花为养子治病，我在微博上表示希望看望老人，为其送上自己的一片心意，这时候有人跳出来说，光是心意怎么够？要买花！又有人说，光是买花怎么够，要捐款！我想大家都是有爱心的，只不过他们由于种种原因无法亲自到三里屯，所以希望我这个贴着“公益”标签的人去做。他们以为公益就是捐款，是有钱人才做的事情，与自己无关；他们希望有钱人多捐款，这样社会就公平了。但是事实上我并不富裕，我的同事们也并不富裕，只是单纯地想做点好事罢了。于是那些嫌我捐得不够多的人拉黑了我。他们只是监督别人去做，自己却没有做。

我想，他们都是善良的人。在看到“好男人”文章出轨的消息之后，铺天盖地同情马伊琍，谴责文章。他们都是有人情味的人，每次天灾人祸之后，都在微博、朋友圈转发爱心蜡烛，为逝者祈祷。可是，他们忽略了很多事情：文章两口子的事儿，他们才知道多少，就跟着掺和；他们为同胞祈福，却不愿意为自己的家人准备一个急救箱……

我身边的很多朋友，非常善良，他们今天呼吁拯救流浪猫狗，明天号召公益组织救人，后天看球不痛快再骂骂足协领导人……他们总在指责别人、抱怨社会，却又认为改变这些事儿轮不到他们——他们只管打架骂街，不管收拾烂摊。

那个在云南山路上给我发私信的朋友，一定也是善良的人。只是我在山路上看手机看到晕车，实在不想回复，结果几小时后她又发来第二条私信，斥责我们是在作秀。我想反问，指责之余，你在做什么？我已经不下百次地在微博上表示，我们的能力和精力真的有限，之所以坚持做这些，是希望影响身边更多的人，和我们一起做公益，而不是“我们就应该去做公益”，以及“这些事就应该归我们去做”。

汽车行驶了70多个小时之后，我们终于抵达绿春。我又一次背起背包，向藏在山间的小村庄走去。

距离天空再一次的明亮，那么遥远漫长。

信任的原因

我在水果店的地上捡到一百元钱，问营业员这钱是谁的。营业员是个脸上长满青春痘的男孩，说十几分钟前有两个女孩抢着付钱，大概是其中一个女孩掉的。

那么这一百元钱如何处理呢？男孩看出了我的心思，说我们可以共同把钱交给旁边的小区保安。我们找到小区保安，这位来自农村的保安很惊讶也很感动，说了三遍“捡到钱还上交啊”，他非常认真地给我出具了一张字条，上面写着：“今收到小区业主捡到的现金一百元。”

大家有没有发现，这件小事里的一些非常有趣的心理现象：当我捡到钱后，营业员担心我会占为己有，于是提议交给中立的第三方保安；我也担心把钱交给营业员会私吞，于是我同意了营业员的这个提议；最后保安通过字条的形式，让我们相信他不可能私吞这一百元钱。这其实是一种建立在道德良序基础之上的信任关系，并不是盲信，里面既有“自律”也有“他律”，缺一不可。让我在做完这件事后，觉得理所当然，而且心安理得，不会担心保安、营业员会私吞这一百元钱。我想保安、营业员同样觉得这事理所当然、心安理得。

我们说起信任，总是把它理解成“无条件地信任”，这种信任是建立在没有道德瑕疵之上的“盲信”。其实，这在真实的社会中是很难存在的，当然也有“一诺千金”的典型个案，但典型个案不能代表社会的全部。社会整体信任度最终还要解决“我为什么信任你”这个根本性的问题，如果这个问题大家回答不出来，那么信任就是脆弱的。

“押质亲人”是古代将军惯用的办法。将军带兵出战时，都会把老婆孩子押在皇帝那儿，意思很明白，你带着我的雄兵，我攥着你的家小，双向制衡，可以达成充分的信任。有史料说，当年皇帝之所以对岳飞大下杀手，据说岳飞出征时犯了一个错误，不肯把家小押在皇帝的手里，让皇帝觉得他有谋反的可能，在奸臣的怂恿下，岳飞被以“莫须有”的罪名杀害在风波亭。

清代以前，皇权对军队的控制多多少少存在一些问题，将军想要自由，那结果很可能是没有自由，甚至连生命也被剥夺了。放弃一部分自由，让别人来制衡，恰恰是一种让自己安全的办法。

许多理想中的信任关系，大都是让别人充分地无条件地信任你，而不是让别人来制衡你。但现实往往是“没有制衡的信任”是最脆弱的，也是不长久的。这种“没有制衡的信任”往往是建立在高标准的道德水平之上，而缺少“契约精神”。道德是一种自觉，而人性恰恰是反自觉的。

契约代表着双方的权利和义务以及相互的制约，如果把社会信任依赖于“上阵父子兵”这种血缘信任和感情信任，那么这个社会就危险了。实际上，对于社会信任，我们可以向往美好的信任，但还是要充分利用人性的自私的阴暗面，更多地从契约的理念来思考建立长久的信任关系，那就是“制衡”和“有条件地信任”。

用微笑来战胜对手

有段时间心情不好，不自觉地把不良情绪带到了工作中。有一天，上司给我布置了一项任务，和我的工作职能不怎么沾边，我当着同事的面推辞说没时间，以后这样的工作别推给我。这让上司很没面子，但是当时他没有说什么，不但脸上没有任何不悦的表情，反而很坦诚地对着我微笑。我很不自然地走出他的办公室。

第二天早上上班时我发现我的桌子上多了一束插在玻璃饮料瓶中的小花，小小的花苞藏在绿叶之间，宛如一缕从阴霾中漏出来的阳光，让人眼睛为之一亮。每当工作疲劳时我就近距离观察这束花，心情慢慢地随之明朗起来，不再急躁，不再郁闷。

我问同事，是谁放的花，他们都说不知道，这让我心里暖暖的。也许工作压力有点大，个别同事有时也和上司发生争执、闹别扭，令工作氛围很沉闷。但我发现如果哪个同事前一天和上司闹了不愉快，第二天他的桌子上就会多一束花。过不了几天，办公室里所发生的不快就烟消云散了，大家工作都很投入，业绩也很明显。

看着那一天天绽放的花，我心存感激。时间长了我认识到自己的过错，主动给上司发了个短信息，请他原谅我的冲动和年轻气盛。他给我回了条信息：生气就是和自己过不去，生气前请你先到卫生间盯着镜子微笑一分钟，然后再来和我生气，我什么都可以原谅。上司的宽宏大量让我倍感惭愧。

从那以后每当工作或者生活中和周围的人发生误会和争执时，即便他们是错误的，我是正确的，我都不和他们争执辩解，并且让自己始终保持微笑，然后看着他们因为急着为自己辩解脸涨得通红的样子，我再提醒他们：请你先保持微笑，我们脸对着脸，比比看谁在不出声的情况下微笑的时间长，就算谁赢。结果，没有理或者存在过错的一方先我出声，且微笑的时间没有我长。最后我们和好如初。

这让我想起美国总统林肯的一件轶事。

当一次战役中俘获敌军时，他的下属要求严惩敌军，林肯却不同意，他不但豁免了敌军的一切罪行，反而像对待自己人一样对待敌军。有的下属不解地问：他们是敌人啊，消灭后患严惩敌人才是最好的办法。林肯笑着说："你错了，连敌人都变成我们的朋友了，我们还有什么战胜不了的？"

军事家的智慧并不在于战术，反而体现在一些细微的事情上。结合自己以前的过错，我明白了什么是真正的高明，我越来越钦佩我的上司润物细无声的教化。如果不能改变别人的过错，那我们先改变自己能改变的，比如，从微笑开始，尽管微笑有时很微不足道，但它如同穿石的水滴、溃堤的蚁穴，总有一天会击穿石头，使大堤倒塌。做人做事，一拼力量，二拼智慧，如果力量、智慧不足以战胜对手，那么我们就从微笑开始……

有些热爱，是病

我的朋友说，他一生所经受的最大磨难，所面临的最大一个“坎儿”，不是父亲生病和去世，不是心爱的人的离去，也不是在单位所受到的不公正待遇，更不是那笔数额巨大的金钱损失，而是有一天，他突然发现，自己得接受一件事：自己在写作上并无才能，甚至应当即时放弃。

他出生在小康之家，幼年时，他的父亲母亲、叔叔舅舅就教他背诵唐诗宋词；小学里，他的作文屡屡得奖，甚至还被选进《小学生优秀作文选》；中学时，他开始写诗，写散文，还组织了学校有史以来第一个文学社，办起一本校园文学杂志，从手抄到油印再到铅印，全是他一手促成；考大学，理所当然报考了中文系，为了在他的分数所达到的范围里选择有中文系的学校，他毫不犹豫地放弃了更好的学校；大学里，他开始在纯文学杂志上发表诗歌和小说；大学毕业，他没有接着考研，因为他坚信自己能靠写作写“出来”。

工作之后，他不交女友，不打算结婚，他怕自己有一天会被家室拖累。他不争晋级，也不争调工资，也没考职称，甚至也消灭了别的欲望：朋友开了公司，不羡慕，同学买了房买了车，也不攀比，所有的时间，全部用来读书和写作。

就是说，他一生全部的意愿、全部的训练、全部的选择，都是围绕着“写作”来进行的。

他以写作为标杆，来衡量其他的事：凡是对写作有益的，就打钩；凡是他认为妨碍写作的，就毫不犹豫地舍弃。他把写作视为人生最大的机遇，认为一旦因写作引发的机遇到来，就如同在生命里刮起了龙卷风，什么愿望都能达成，什么期待也都不在话下。

这样的情况持续了十年——不对，应该说，是30年——他认为自己就是为写作而生的。

一直到三年前，他突然发觉，一起从事写作的朋友，该得到的都已经得到了：出书了，改编电影电视剧了，专职写作了，即便那些曾被他唾弃过的畅销书炮制者，他也渐渐看出了他们的过人之处。那些没有从事写作的朋友，生活也平静丰盈，而他至今仍一无所获。

终于，他确定了一件事：自己在这个领域并没有太多才能，或者说以前有过，而现在没有了；自己也不会有太多机遇，甚至这个领域本身，也正在沉没之中。

对于一个人来说，最痛苦的事情莫过于此——发现自己的愿望本是虚妄，一切努力都是空掷，甚至寄予希望的那个世界，也正在沦陷之中。像印度女作家基兰·德赛的小说《失落》中的那些人：“国家除了是一个概念，还是什么？她将印度视为一种理念，一个希望或欲望，不断攻击它直至其崩塌，这需要多长时间？消灭一样东西必须经过持久的练习，这是一种邪恶的艺术，他们正使之日趋完美。”

他现在需要做的，是练习这门邪恶的艺术，消灭那种不可救药的热爱，那种横亘在心中、近乎信仰一般的愿望。

在这个过程中，他甚至得不断地去看那些关于“幻灭”的电影，他不断告诉自己，自己的这点才能不算什么，甚至连自己都不算什么，必须要用这种“幻影观”去抵抗另外一个已经成为“幻影”的愿望。

太强烈的热爱，也是人生最大的坎儿，甚至堆积起来的愿望越多，这个坎儿也越大，终会给不断堆积它的人以重创。所以，要么一开始就不要主动地创造这个“坎儿”，要么在紧要关头学习放弃。

他现在活得非常轻松，他的才能不够他胜任一个大作家，但却足够使他胜任一个好朋友、好丈夫、好父亲和好读者。

愿望消灭之后，人生未必荒凉，倒很有可能重新被葱绿覆盖。

有些事今天不做，就永远不会做了

因为有孩子，家里总是很乱。

每次我看到乱扔的玩具，沾满污渍的地板，凌乱不堪的桌子，心情就会很糟糕，然后就想，一定要把屋子收拾一下。可是，今天实在没心情，或者今天实在太累，算了吧，等明天心情好的时候，不累的时候，再好好收拾。

结果是，到了第二天，我依然没有心情，依然很累，依然很忙。于是，明日复明日，明日何其多，家也一天比一天更乱，直到乱得再也没有信心去收拾。

我想把烦恼说给一位朋友听，朋友是个工作狂，一天到晚不是在上班，就是在加班。上周末我就给她打电话，邀她出来小聚，朋友在电话里匆匆忙忙地说，明天吧，今天实在没时间。

可是到了明天，电话打过去，她愣了片刻，然后连声道歉，对不起啊，今天实在太忙了，明天吧。

于是，明日复明日，一直到这周，我们还是没能小聚。

我知道她并非敷衍，她是真的很忙。说好了带孩子出去旅行，可是因为没时间，也一天天地拖了下去。面对孩子委屈的小脸，她心里也惭愧到不行，但是今天实在没时间啊，还是明天吧，或许明天会闲一点。

结果，明天依然和今天一样，对孩子的承诺也一拖再拖。

我们总觉得，明天一定会比今天心情好，明天一定会比今天轻松，明天一定会比今天有更充足的时间，但往往到了明天，我们黯然发现，我们依然心情不好，依然不轻松，依然没有时间，一切都没有太大的改变。可笑的是，我们把一切美好的愿望都押在了虚幻的明天。

我妈妈是个非常节俭的人，从来不买新衣服，拖把坏了绑一绑继续用，舍不得用水，舍不得用电，家里的电器基本上都是摆设。每次我们批评她，她总是振振有词，等以后条件好了，我就天天吃好的穿好的，大手大脚花钱，再也不省了。

这么多年，条件当然是一天比一天好，可是永远没有好到让她安心的地步，依然有更高的目标像旗帜一样在前面花枝招展，于是，她就一边幻想着明天条件好了要怎样生活，一边继续节俭到让生活毫无质量可言。

你以为只是老一辈是这样吗？不，事实是，我们很多人都会犯这样的错误，只不过表现方式略有不同罢了。

我一位同学，长得漂亮，能力也强，而且特别努力，毕业没几年，就升了职加了薪，成了让人羡慕的职场精英。

眼看年龄也不小了，家里人都催着她恋爱结婚，她也很想找到生命中的另一半，可是，她拒绝相亲，拒绝和任何男人走得太近，从来不肯在恋爱这件事上花费一点一滴的时间。

这么做，当然有她自己的理由。她觉得自己现在还没有资本好好谈恋爱，她想等到事业更成功，薪水更高，地位更稳定时，再心无旁骛地恋爱结婚生子。

想法当然没有错，毕竟，我们大多数人都相信，明天一定会比今天更好。事实是，职场上永远都有挑战，地位永远都不可能绝对稳定。她幻想的美好明天一直没有到来，所以直到30岁，她依然没有谈一场正儿八经的恋爱。

明天一定会比今天好吗？真的不一定。而我们为了这个不一定的明天，把今天白白荒废掉，把今天过得懒散而糟糕，实在是很傻很天真。

所以，不要再把希望寄托在明天身上了，想整理房间，今天就整理；想陪孩子玩，今天就陪；想吃一顿美食，今天就做；想和某人做朋友，今天就主动联系；想写篇文章，今天就坐下来写；想学英语，今天就开始学……

明天不一定比今天更有时间、更有灵感、更有心情、更精力充沛，那还等什么？有些事，你今天不做，或许永远都做不了了。

愿你的脸上写满希望

跟做猎头顾问的小西聊天，我问她："简历一般要不要贴照片？"她说："要。从我个人角度来看，简历上照片反映的精神状态是这个应聘者给我的第一印象，同样条件的两位应聘者，我会选择照片精神的一个。"

我问："'精神'指的是什么？"小西说："就是传达出来的精神状态，比如看上去愉悦、自信，又不那么世故。一个人对于未来的期待，会展现在脸上。有些人一看就生活愉快，有快乐的能力。"我问："如果证件照是PS过的呢？"小西想了想说："PS改变不了眼睛里传递出来的信息。当然，更好的判断是跟一个人面对面。"

我点头，小西顿了顿说："不过也可以从另外一方面来看，如果面试时见到本人和证件照上的完全对不上，就大大减分。要么不自信，要么不踏实，都不是我们需要的。在工作团队里，快乐会传染，负面情绪也会传染。影响团队稳定和凝聚力，比工作能力欠佳更让人难以忍受。所以，某种程度上来说，看脸就是看脸上的灵气、期待和希望，说白了，就是脸上有没有明天。"

我听得似懂非懂，小西表情夸张地盯着我看了两秒：“你没问题，你有一张明天的脸。”说完，小西笑了。

那一刻，我从这张笑脸上，仿佛看到了小西所说的“明天的脸”的模样。那是好像从来没有经历过假恶丑的一张脸，笑起来眼角上移，嘴角上翘，眼睛里有光，有着无穷的生命力，仿佛除了有花瓣迎风招展，还能清楚地看到根在土里努力生长。

一张明天的脸，是永远对没有到来的抱有期待，打心眼儿里期待明天的到来，仿佛昨天、今天和明天都对他全无恶意。有这种气质的人，不管年岁如何，即使皱纹爬上脸庞，即使经历过挣扎和苦难，依然有一种未经世俗浸染的感觉，对世界充满了好奇心。即使生活烦琐、压力缠身，依然有青春纯净的笑容，对生活充满了朴素的期待和善意。

前两天收到一个闺蜜在文件堆积如山的办公桌前的工作照，笑得那么明媚。那是一张有着黑眼圈和青春痘的脸，但是掩饰不住那种来自“明天”的信息。

她曾说，虽然没办法改变全民吐槽的雾霾和房价，但是想要什么样的精神状态，主动权在自己手里。生存对于谁来说，都不是一件容易的事，它时而复杂多变，时而黑暗阴冷，却抹不掉心中的那一片蓝天白云。

这是一个在北京追求自己理想的姑娘。曾经，在人生最低谷的时候，失学、失恋，依然会自嘲终于坐了一次生活的过山车。随后，一路慢慢往上走。后来，办公室的钩心斗角，也没有让她变成一个工于心计、精于算计的职场油子，只是脚踏实地，不抱怨、不逃避。

而后，生活给她的回报是：工作上，闺蜜终于强大到“小人”伤不到她；爱情上，碰到了一个如她一样丰富而美好的人。如今，她依然带着一张看向明天的脸，笑着，奔跑着。

我相信闺蜜的明天会越来越好，就像相信美好的事情会有连锁反应一样。一个人生活得有多认真，“明天”就会对他有多认真。

愿你也一样——一边专心致志地扎根，一边漫不经心地绽放。绽放着现在和未来。

找到自己的空间，别让自己泯然众人

英国作家道格拉斯·亚当斯有一句广为流传的名言："人是很麻烦的。"

这是一句大实话。一方面我们必须与人交往，这样才能满足爱与被爱的需求，满足对尊重的需求。另一方面他人又像地狱，当你一步踏入，便会深陷进去。你本想亲近别人却遭到了疏远；你本想得到肯定却招致了否定；你本想获得尊重却自取其辱……当这种情形一而再、再而三地发生在你身上的时候，你还知道自己是谁吗？你还敢相信别人吗？你还能找到真实的自己吗？你还知道自己的最高目标是自我实现吗？你是选择逃避，还是选择坚守？你是选择压抑自己迎合别人，还是勇敢地接纳真实的自己？你是放弃真实的自己活给别人看，还是走自己的路让别人去说呢？

水，最容易消失在水中；人，最容易消失在人群里。

一滴水是清晰可见的，但是，当它融入水中，你还能找到那滴水在哪里吗？同样，即使你是一个有个性、有棱角、有爱好、有思想、有情感、有自我的人，如果迫切希望被别人接纳，渴望合群，常常也会磨灭自己的棱角，隐藏自己的个性，屏蔽自己内心的声音。马克·吐温说："跟世界上所有的人一样，我所暴露给世人的只是修剪过的、洒过香水的、精心美容过的公开意见，而把我私底下的意见谨慎小心地、聪明地遮盖了起来。"因为，只有当你变得与人群中的其他人没有多大区别的时候，这个群体才会接纳你。没有哪个群体会接纳一个异类。

人们总是喜欢接纳与自己相同的人，排斥与自己不相同的人。

什么样的人最容易成为铁哥们儿？就是那些有着相同经历的人。他们一起扛过枪、一起下过乡……他们有着共同的人生体验，犯过共同的错误，有着许多相同的秘密。

人们渴望被什么样的人群接纳，就容易变成什么样的人。

一个警察要去卧底，渴望被流氓团伙接纳，就必须变得流里流气，甚至还需要干出一些流氓的事情。

但需要警惕的是，渴望被人群接纳的心理常常会让我们削尖脑袋，扭曲自己的个性，压抑自己，甚至做出违心的事情。最后，我们虽然被人群接纳了，但我们的自我却消失了。

在人群中消失了真实的自己是一件很可怕的事情，因为大家都失去了自我，失去了独立思考的能力，不愿也不敢听从自己内心的声音。人人都在说假话，说违心的话，都在恭维皇帝的新装，结果就会导致巨大的非理性行为的发生。

第二次世界大战时，希特勒检阅部队，旁边的一位将军拍马屁说：“元首，您瞧，下面的人真多呀！”

希特勒说：“不！我一个人也没看见，我看见的只是人群！”

希特勒一语道破天机。要想让人疯狂，先要让每个真实的自己消失在人群里。只有当每个人的自我都消失在人群中，没有了自己的感受和意志，没有了自己的想法和追求，没有了自己的灵魂之后，希特勒才能驱使他们去干令人发指的事情。

人与人群有什么区别呢？

人是有“我”的人，这个“我”有自己的感受、自己的思想、自己的意愿、自己的情感、自己的兴趣、自己的爱好、自己的渴望、自己的梦想……

人群是什么？

人群就是许多人聚集在一起。这些人为了获得别人的接纳，每个人都磨灭了自己的感受、想法、意愿、个性和自我。

一个人独自走在乡间小路上，这是一个“人”。

很多人聚集在一个社交场合，推杯换盏，彬彬有礼地交谈，这就是“人群”。

这之间有什么不同呢？最大的不同就是，一个走在乡间小路上的人，他不用在乎别人的看法和目光，不用考虑自己的姿态和着装。他会按照自己喜欢的方式，想怎么走，就怎么走；想放屁，就放屁。而在社交场合交谈的人，特别关心别人对他的看法，很在乎自己给别人留下的印象，根本不敢随便放屁。他会把真实的自己隐藏起来，按照别人喜欢的方式行动。

正如张爱玲说的那样："装扮得很像样的人，在像样的地方出现，看见同类，也被看见，这就是社交。"

人需要社交，但不需要把自己的整个人生都变成社交。如果我们时时刻刻都在乎每个人的感受和想法，在乎每个人的议论和评价，那么，我们就会失去自我的空间，忽视自己的感受，泯灭自己的思想，消失在茫茫人海中。

最美的岁月，其实是最痛的

刚做《时空连线》时，制片人天天骂我，嫌我小女生新闻的那套路数，“矫揉造作，不可忍受”。

制片人说：“你问一个问题的时候，期待答案吗？你要不期待，就别问了。”

我不作声。

我问医生朋友：“为什么我呼吸困难？”

他说：“是情绪影响了呼吸系统，使呼吸频率放慢，二氧化碳在体内聚集造成的。”

“有什么办法吗？”

“嗯，深呼吸。”

上楼时，我深呼吸；下楼的时候，我深呼吸。我看着电梯工松松垮垮地坐着，闲来无事，瞪着墙，永远如此。我强烈地羡慕她。

上班时只有在洗手间，我能松垮两分钟，我尽量延长洗手的时间，一边深呼吸，一边看着镜子里的自己。我知道自己身上已经开始散发失败者的味道，再这样下去谁都会闻出来了。

那段时间，临睡前，我常看一本叫《沉默的羔羊》的书。

很多年后，我看到它的续集，愤怒地写信给作者，我说你这续集里蹩脚的狗屁传奇故事把我心里的史达琳侮辱了，那个吃着意大利餐、欣赏油画、跟食人魔医生谈童年创伤的女人根本不是她!

在我心里，她一直是美国联邦调查局（FBI）24岁的实习生，说话带点口音，偶尔说粗话，没有钱，穿着一双不怎么样的鞋子，孤身一人去调查杀人案。她知道失败和被人看轻是什么滋味。

她左手可以一分钟扣动74下扳机，胳膊上的筋脉像金属丝一样隆起，卷起袖子去检验那些腐烂的死尸，对认为她只依靠姿色混进来的男人说："请你们出去。"

她曾希望在FBI这个大机构里得到一席之地，但最后她不再为身份工作，她只为死去的人工作，在心里想象那些被谋杀的女人，跟她们经历同样的侮辱，从刀割一样的感受里寻找线索。

人在关口上，常是一些看上去荒唐的事起作用，在演播室开场之前，我很多次想过："不，这个用塑料泡沫搭起来的地方，可吓不着史达琳，这姑娘从不害怕。"

我决定自己做策划和编辑，找找那个抽象的欲望到底是什么。

每天给各个部门打电话联系选题，大老板看我给外交部打电话联系大使被劫案的采访，觉得好笑："得多无知才能这么无畏啊。"但居然联系成了，录节目时他负责拍摄，冲我默默一点头，我心里一暖。

我每天上午报三个选题，下午联系，晚上在演播室录制，凌晨剪辑送审。

就这么熬着，有个大冬天的凌晨2点，人都走光了，没人帮我操机，我自己不会，盯着摄像机，心想，我不干了，天一亮我就跟陈虹打电话，去他的，爱谁谁。我在桌边坐着，恶狠狠地一直等到7点。电话通了，陈虹开口就问："今天是不是能交片了？"

我鬼使神差地说："能。"

我抱着带子去另一个机房，编到第二天凌晨三四点，大衣锁在机房了，穿着毛衣一路走到电视台东门。我是临时工，没有进台证，好心的导播下楼来，从东门口的栅栏缝里把带子接过去。回到家，电梯停了，爬上18楼，刚扑到床上，导播打电话说带子有问题，要换。我拖着已经受伤的左脚，一级一挪，再爬下去。

大清早，已经有人在街上了，两个小青年，惊喜地指着我。我以为是认出了我。

"瘸子。"他们笑。

浅青色的黎明，风把天刮净了，几颗小银星星，弯刀一样的月亮，斜钉在天上。

领导有天安慰我："人们声称的最美好的岁月其实都是最痛苦的，只是事后回忆起来的时候才那么幸福。"